小学生と親が楽しむ
初めての
たった5時間でできます！
プログラミング

OK?

米村貴裕
Yonemura Takahiro

秋田恵微［イラスト］
Akita Megumi

さくら舎

★はじめに

いきなりクエスチョンだよ～♪
これらは何にしたがい
動いてるかな？

スマートフォン
（スマホ）

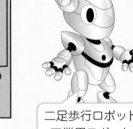

パソコン／PC
（パーソナルコンピュータ）

二足歩行ロボット
工業用ロボット

おもちゃのロボット
（クルマや犬など）

カンタンね！
人が「つくった」電気に
したがって動いてるよ！

「電気」でいいの？
「電気信号」じゃなくて？

「信号」？　何のこと？
信号は道路に
あるものでしょ？

！

れ、連行する……！
こんなに何も
知らないなんて！

最初の体験の地は
ここ。じゃあね!

……プログラミング
た、体験道場?

連れて行かれた先には、学校のような建物がありました。

さて、プログラミングは「電気信号」と関係があるのでしょうか?

ええ、パソコンやスマートフォンなどの機械たちは、電気を「食べ」ます。
そして動いたりゲーム・キャラクターを映(うつ)したりする「力」にしています。
人間も食事なしでは力が出ません。

ですが! **食事だけでさかだちしたり、算数の文章題を
解(と)いたりできますか?**

学んだ「知識(ちしき)」を使い、神経を通して体へ指示(しじ)(意識(いしき))していますね。

プログラムとは、機械たちへの指示書(しじ)のこと。機械はそれら、さま
ざまな「知識(ちしき)」からつくり(プログラミングし)電気信号のかたま
りとなったプログラムの指示(しじ)どおりに動きます。

わたしがやさしく
説明しよう。

よろしく
お願いしまーす!

か、かっこいい先生……

では、知識(ちしき)
ゼロから
スタート!

……と、その前に**入門テスト！**

えぇ〜っ！
いきなりですか？

質問です

このイラストのなかに、プログラムの**不具合（ミス）**である「**バグ**」がまじったものがあります。そのせいで変な（バグった）動きになっている機械はどれでしょう？

わかるかな？

コ、コレ……
かしら？

正解！

　この本では、一般的なＩＴやソフトウェア（≒アプリケーション）のしくみ、そして小学校から必須のScratchから本格的なものまで、楽しく学んで体験できます。

　「なんとなく雰囲気で正解」するのではなく、「たしかな重要知識」を学び、プログラムのバグすら見切る力まで、身につけていきましょう♪

※正式には「ソフトウェア」「アプリケーション」ですが、ふだんはそれぞれ「ソフト」「アプリ」と略して使うことが多くあります。本書では略称を使用しています。

★目次

1時間目　人より先行できるプログラミング講習

「プログラミング」までの基本知識を初・体・験！

プログラミングの理解に重要な4つのこと！

2時間目　CGとプログラミング

ウェイトする技術

3時間目

ロボットとプログラミング

小学生でもロボットをあやつれる！

ロボットもスマホも「センサ」が大事！

ソースコードを分析してレベルアップ！

4時間目 めざせ！ キレイで速いプログラム

OSとソフト（アプリ）の連係プレイを見てみよう！

つくる！ ためせる！ 「vbs」カンタン実行編

よりよいソースコードにするにはどうすればいい？

1ランク上のプログラミング術

こんにちは！

人より先行できる プログラミング講習

1時間目は、プログラミングに絶対関わってくる内容から パソコンなどの用語や知識まで、学んでいきます。

あの〜、わたし、パソコンの ことすら、よくわからないん ですけど。それでもだいじょ うぶですか?

もちろん! そんな人のため の講習だ!

やってみてわからないときは、 本を見ようとネット検索しよ うとOK。「指示の英単語」な どはながめて、パソコンやプ ログラミングの知識を、まず は生で感じるんだ!

いってらっしゃい!

この講習が終 わるころ、ま た来るね〜♪

もう知ってるし〜 という人も、 おさらいできるぞ!

「プログラミング」までの
基本知識を初・体・験！

パソコンまわりの名前をチェック！

ディスプレイ
対応機種では画面をタッチし「⌖」や「｜」のカーソルを移動＆表示させてから操作。

ロボット（機械）
プログラムにより動く（日常では見かけない）。

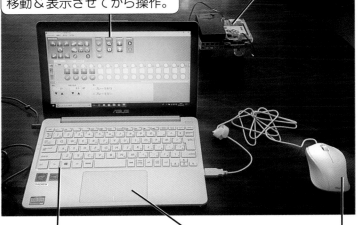

キーボード
文字を入力する。英数字（半角）と日本語（全角）の切りかえは左上 半角/全角 キーを押します。できないときは下部 Alt といっしょに押してみて下さい。

タッチパッド
マウスと同じ役割。

マウス
画面上のカーソル⌖を自由に動かせる。

まず機械を仕切る土台である「OS」の画面を出しましょう。

パソコン本体の電源ボタン⏻を押して待ちます。やがて画面が表示され、マウスやキーボード、タッチパッドを使って、パソコンの操作が可能になります。

パソコンまわりをザッと説明しておこう。

マウスって、ほんとネズミみたいな姿。動かしていろいろ操作するのね？

OSはウィンドウズやMac OS、Linuxなどがあるな。

ちなみに、電子機器を使う人のことを「ユーザ」というぞ。

最初に出てくるのは、たいてい「**ログイン**」（ロックの解除）の画面です。

アカウントの名前

入力した文字は●●とふせられて出るね。

入力欄をクリックしてからキーを押し「パスワード」を入力し、画面の矢印をクリックするか、キーボードの「Enter」キーを押しましょう。

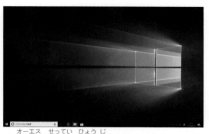

※OSや設定で表示はさまざまです。

やった！OSの画面が出た！

キーボードの使い方も見ておきましょう。

「Esc（エスケープ）」キー
具合が変なとき、選択や実行などをやめたいときに押す。

「Tab（タブ）」キー
ちょうどいい空白をつくれる。

「Enter（エンター）」キー
何かを「決定」「実行」したいときに押す。文を「改行」するときにも使う。

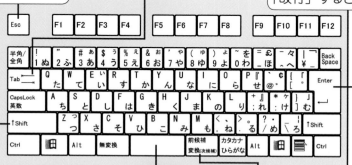

キーの「記号」を入力するときや「A」のようなアルファベットの大文字を入力したいときは「Shift（シフト）」キーを押しながら、文字のキーを押す。
たとえば、「1ぬ」＋「Shift」で「！」が入力できる！

「スペース」キー
空白を入力する。

「変換」キー
入力したひらがなを漢字に変換させるキー。

文字も画像も動画も、表示は全部「ドット」！

　ところで、どうやって、画面に文字や画像や動画を表示させているのか、知っていますか？

　画面の表示内容は、すべて「ピクセル」とよばれるドットでかかれています。

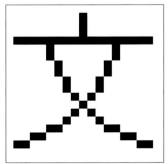

拡大

　画面を区切るマス目を色（ドット）で塗りつぶしていく感覚です。

　マス目が細かいほど、緻密な画像やたくさんの文字を表示できます。

ガオォォ！　拡大

　マス目の細かさを「解像度」とよびます。マス目が細かいと「解像度が高い」、マス目が大きいと「解像度が低い」といいます。

　解像度は「高い」方が精細な表示で広く使えます。作業するソフトなどの「ウィンドウ」も多く出すことができます。

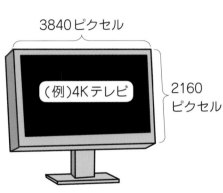

3840ピクセル

（例）4Kテレビ

2160ピクセル

ドットは「点」のこと、つまり色つきの「■」がたくさん集まって、文字や画像や動画はつくられているんだ。

2020年現在、スマートフォンですら、4Kテレビと同じ3840×2160ピクセルのマス目の機種もあるぞ。

ソフトはすべて「ウィンドウ」で表示される

　ソフトウェア（以下、ソフト）などは、すべて上部にバーがある「**ウィンドウ**」とよぶ形式で画面に表示されます。

　画面内で動くソフトは、複数を同時に実行、つまり「**並列（ながら）**」**処理**ができます。これは、OSが作業場を仕切ってくれるためです。

　ウィンドウの上部分のバーを 🖱 でクリックすると、そのウィンドウがいちばん手前に表示され、作業できるようになります。バーを 🖱 で動かせば、ウィンドウの位置も変えられます。

　右上のアイコンをクリックすると、ウィンドウの表示を変えたり、終了したりできます。

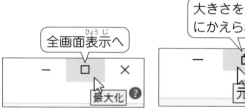

全画面表示へ

最大化

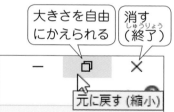

大きさを自由にかえられる

消す（終了）

元に戻す（縮小）

うわぁ……先生の画面、ソフトとか多い！

「**並列処理**」は「**マルチタスク**」ともいうぞ。これはアプリでも行われる。

ソフトはプログラム全般のこと、アプリは、一般に仕事に活かせるプログラムを示すことが多いのだ！

13

コアが多いと一度にたくさん作業できる！

電子機器の「司令官」役は「CPU」です。

　CPUの中心部分は「コア」といって、実際の処理を担っています。CPUはいまや複数個のコアをもつ「マルチコア」が主流です。コア数が多いと、その分一度にできる作業が増えます。

　道路に例えると、マルチコアは車線が増えた状態。車線が多ければ、より多くの車が渋滞せずにスイスイ走れますね。それと同じです。マルチコアになり、ソフトも並列（ながら）処理に対応し始めました。

　並列処理を考えてプログラミングされたソフトやアプリケーション（以下、アプリ）なら、マルチコアの高い効果を感じられます。

　ゲームや、テレワークなどのリアルタイム（即応）処理のプログラムでは、マルチコアであると快適です。

なるほど！
高性能な機器はコアが多いから速いのね〜。

ま、土台である「OS」が作業をどううまく仕切るかで、プログラムの動きは変わる。

この仕切り方は「時分割処理」というんだ。資格試験にも出るぞ！

いまさら人に聞けない……「ファイル」って何?

パソコンの作業で出てくる「ファイル」という言葉。「ファイル」はいろいろな情報を、パソコンなどの機器が「ひとかたまり」にしたものです。

ファイルの名前や、左のように見やすく「アイコン化」されたファイルの絵さえ覚えておけば、使うときに困りません。

ちなみに、「フォルダ」は複数のファイルを整理してまとめたもの。タッチやダブルクリックをすると、そのなかに保存されている「ソフト(アプリ)」のファイルや「画像」「音楽」「文書」のファイルなどを見ることができます。

パソコンの画面(デスクトップ)にファイルをあつかうソフトのアイコンが見当たらないこともあります。そういうときはどうすればいいでしょうか?

パソコン画面の左下にはこんなボタン⊞があります。昔は「スタート」と書かれていたため、現在もなごりでそうよばれています。

① スタートボタンをクリック。

② メニュー画面。ファイルをあつかうソフトの一覧が出てくる。右側のバーを「ドラッグ」で上下に動かし、使うものをさがす。

フォルダ内の表示は設定でかえられるぞ。
アイコンで表示
ファイル名で表示

スマートフォンやタブレットでは、「スタートボタン」ではなく「ホームボタン」というんだ。

画面下の、「エクスプローラ」のアイコンをクリックすれば、フォルダやファイルを表示させられるんだって!

プログラミング言語は「人がわかる」言葉

ではそろそろ、プログラミングの話をしていきましょう。

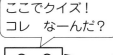

ここでクイズ！
コレ　なーんだ？

ソースコード

コンパイラ

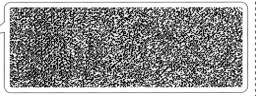

「QRコード」（3次元バーコード）のバケモノみたい！

答えは「機械語」！　パソコンなどの電子機器のなかを流れる「2進数」のデジタルな電気信号を、あえて画像にしたものです。

パソコンなどの電子機器は、0と1をさまざまに組み合わせて、機械がわかる信号になったプログラムにのみ反応します。つまり、「人間の言葉」でのプログラムは理解不能。

そこで昔は、プログラミングには「機械がわかる言語」こと「機械語」（マシン語）が（一般に）使われていました。

これは16進数。

```
01 02 77 00
07 61 71 13
33 52 F0 15
```

```
START
    LD, GR0, ( 1 )
    ST GR0, ( 2 )
    RET
ATAI #5678
ABC  $6800
END
```

そして「数値でプログラミング」する職人（超人？）が多くいました。

しかしそれでは何のプログラムなのかもわからないので、多少、人間にもわかる英語的表現を取り入れた「アセンブリ言語」が使われるようになりました。

左は、CASL Ⅱというアセンブリ言語で書かれたプログラムです。

「2進数」は、すべての数を0と1で示す数の単位。ちなみに、日常でよく使っているのは「10進数」だ。時間を表すときは12進数、60進数も使っているがね。

機械語よりマシな気はするけど……。

プログラミングの最強助っ人「コンパイラ」

機械は機械語しかわからないのに、文字で書かれたプログラムで動くのでしょうか。

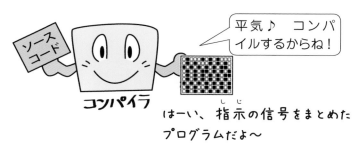

平気♪　コンパイルするからね！

はーい、指示の信号をまとめたプログラムだよ〜

文字で書かれた指示「プログラム」は、「コンパイラ」が**機械語、つまり機械にわかる電気信号にまで変換します**。これを「**コンパイルする**」といいます。

プログラムを書くのに使う言語を「プログラミング言語」といいます。それらプログラミング言語（を、あつかうソフトやアプリ）には、それぞれ「コンパイラ」がセットになっています。

いまはいろいろなプログラミング言語とペアになる「コンパイラ」が、数多くあります。

Small Basic

Visual Studio

Android Studio

「コンパイル」って、英語の本を日本語に訳すみたいに、プログラミング言語を機械の言葉へ訳す作業なんだね！

ほかにもあるよ！

プログラミング言語いろいろ

　いま、プログラミング言語にはいろいろな種類があり、使いやすさや、どんなプログラムをつくりたいかなどによって、使い分けられています。

　ここでは2つ、紹介しましょう。

Scratch　https://scratch.mit.edu/

> 開いたら「作る」を選ぶよ。

　お子さまにもカンタンな言語。いろいろな絵文字ことアイコン（ブロック）を組み合わせることで、プログラムをつくることができます。

「指示」や「判断」の
ブロックを右側へド
ラッグ&ドロップ。

> Scratchは小学校の授業でも使うプログラミング言語だよ。

> よくわからなくても、さわってみよう！

　基本の操作は、🔓 をメニューに合わせクリックして選んだり、「**ドラッグ**」（マウスの左ボタンを押しながら動か）したりして、「指示」や「判断」のブロックを右の欄へ移動させます。

　このような機能を組み合わせるプログラミング体験により、「感覚」を身につけられます。

　まずは、さわってみましょう！

Small Basic

スモール　ベーシック

http://smallbasic.com/

「β」（＝公開テスト）版。「Start」を選ぶ。

Small Basicは、マイクロソフト社が開発している初心者向けのプログラミング言語です。

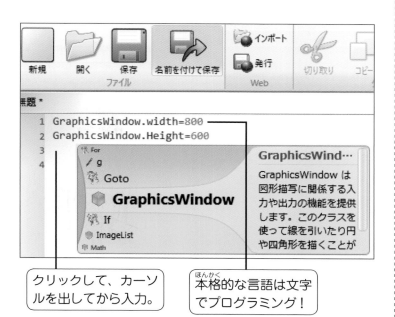

1 GraphicsWindow.width=800
2 GraphicsWindow.Height=600
3
4

GraphicsWindow
For
g
Goto
If
ImageList
Math

GraphicsWind…

GraphicsWindow は図形描写に関係する入力や出力の機能を提供します。このクラスを使って線を引いたり円や四角形を描くことが

クリックして、カーソルを出してから入力。

本格的な言語は文字でプログラミング！

何かひとつの言語を使ってプログラミングの「感覚」を得られたら……世界中で使われる本格的な言語へ進みやすい！

プログラミング言語で書かれた指示書は「ソースコード」といいます。

その指示を実行させるには、コンパイラで機械語に変換しなければなりません。

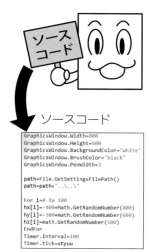

ソースコード

```
GraphicsWindow.Width=800
GraphicsWindow.Height=600
GraphicsWindow.BackgroundColor="white"
GraphicsWindow.BrushColor="black"
GraphicsWindow.PenWidth=3

path=File.GetSettingsFilePath()
path=path+"..\..\"

For i=0 To 100
hx[i]=-400+Math.GetRandomNumber(800)
hy[i]=-300+math.GetRandomNumber(600)
hz[i]=math.GetRandomNumber(500)
EndFor
Timer.Interval=100
Timer.tick=utyuu
```

Scratchのようなアイコン（ブロック）を使った言語は「ビジュアルプログラミング言語」、Small Basicのように文字を使った言語は「テキストプログラミング言語」とよぶぞ。

「エラー」と「バグ」って？

おや、ソースコードをコンパイルしようとしたら「エラー」と出てしまったようです。こうなると、機械語に訳してもらえません。

	ビルド
17	
いくつかのエラーが発見されました.	pp(19): error C2065:
3,31: 認識できないステートメント	pp(20): error C2065:
	pp(21): error C2065:

これはボク、コンパイラが「訳せない」という意味！

「エラー」表示はソースコードの組み合わせや文法、入力のミスなど致命的なまちがいがあり、それをコンパイラが指摘している状態です。

そんなときはミスをコツコツ見つけ、あわてずに直すだけです。

この作業は一般に「**デバッグする**」とよびます。

エラー？　こわれたってこと？　じゃあ、もう不要ね！

ひいいっ！

また、エラーではなくても、機械が考えたとおりに動かない場合は、プログラムに「バグ」があるといいます。この場合は「**アルゴリズム（考え方）**」から、見直す必要があります。

エラーは機械の故障じゃないよ〜!!

4ページで見た、このロボットの変な動きもバグ。

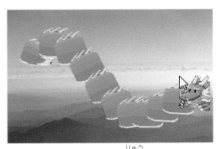

こんな表示も、バグ。龍の顔の向きが変になっています。

ソースコードの指示は水の流れのように、上から下へ順々に、実行されます。

上から下に実行されていく

```
GraphicsWindow.Width=800
GraphicsWindow.Height=600
GraphicsWindow.BackgroundColor="white"
GraphicsWindow.BrushColor="black"
GraphicsWindow.PenWidth=3

path=File.GetSettingsFilePath()
path=path+"..\..\"

For i=0 To 100
hx[i]=-400+Math.GetRandomNumber(800)
hy[i]=-300+math.GetRandomNumber(600)
hz[i]=math.GetRandomNumber(500)
EndFor
Timer.Interval=100
Timer.tick=utyuu
```

　ソースコードの指示の流れ具合を調整し、プログラムが正しく実行され、機械が正しく動くようにするためのアルゴリズム（考え方や手順）は、プログラミングで「超」重要な要素です！

　ソースコードをコンパイルできても、アルゴリズムミスで考えどおりに動かず、メチャクチャな結果になることもあります。

　コンパイラはソースコードを、自動かつ機械的に、機械に適したカタチへ訳します。しかし、まぁ、逆に「ほとんどそれだけ」しかしません。

　「ビルド」という言葉を聞くこともあるかもしれない。これは「コンパイル」とほぼ同じ意味だよ。

プログラミングの理解に重要な４つのこと！

「フローチャート」で組みたいプログラムを整理する

プログラミングでは機械に「何をさせるのか？」、つまり、どんなプログラムを組みたいのかを考えるのが最初の一歩です。

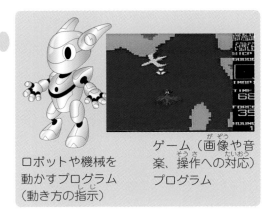

ロボットや機械を
動かすプログラム
（動き方の指示）

ゲーム（画像や音
楽、操作への対応）
プログラム

プログラミングをする前に、プログラムの「スタート」から「ゴール」まで、「**フローチャート（流れ図）**」を書くことがあります。

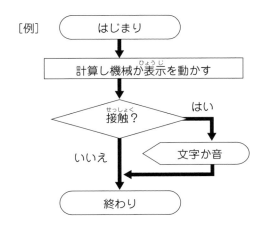

[例]
はじまり
↓
計算し機械が表示を動かす
↓
接触？ ── はい → 文字か音
↓ いいえ
終わり

図形と矢印で大まかな指示内容を考えるのかぁ。

このフローチャートでは、

▭……作業内容

◇……「判定・判断」

◁……表示（出力）

▱……「端子（スタートや終了）」

を表しているぞ。

いまはいろいろと整理するソフトがある！

すぐに「終わらせない」、必殺のループ指示!!

　プログラミングを見切る（理解する）ために重要なことは4つあります。

　まずはその1つ目、「ループ指示」。
　左ページのフローチャートのような指示だと、「はじまり」から「終わり」をたどり、プログラムは終了してしまいます。そこでポンプのように指示の「流れ」を適当なところへ戻し、「ループ（くり返し）」させて、プログラムがすぐ終了しないようにします。

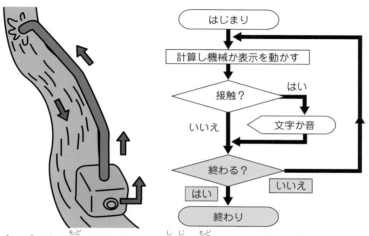

ポンプの水を戻すように……　指示を戻し、ループさせる。

なるほど、ループさせないとロボットが1歩動いて終わりとか、文書ソフトなのに1文字入力したら終わるとかになってしまうのね。

入力すると……
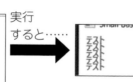
すぐに終了の表示……

　ちなみに、「ループ」にせず指示を連続して書いてもOKです。

ビジュアルプログラミング言語

決まり
決まり
決まり
決まり

テキストプログラミング言語

```
1 GraphicsWindow.drawtext(10,00,"テスト")
2 GraphicsWindow.drawtext(10,10,"テスト")
3 GraphicsWindow.drawtext(10,20,"テスト")
4 GraphicsWindow.drawtext(10,30,"テスト")
5 GraphicsWindow.drawtext(10,40,"テスト")
6
```

実行すると……

ビジュアル・テキストプログラミング言語どちらでも同じだ。美しいソースコードではないと思うがな。

計算式は算数とほぼ同じ

　プログラミングを見切るために重要なことの2つ目は、「計算」！

　そもそも、機械に計算させるには、方法は3つあります。

①電卓ソフトを画面に出して使う（計算用ソフト・エクセル／マトラボなどもあり）。

②スマートフォンやタブレットならば声で問う。

③プログラミング！

　てっとり早いのはスタートボタンからメニューを出し、電卓や、有名な表計算ソフト「エクセル」などを表示させて使うことです。

「1＋1は？」
あらら、無反応ね。
わかんないとか？

ソフト（プログラム）がないと……。

①スタートボタンをクリックして、メニューを表示。

②電卓のソフトをクリック。

③電卓のソフトが開いた♪

で画面の電卓にあるボタンを「操作」するんだ！

プログラムで計算させるときは、Scratchのような練習用ビジュアルプログラミング言語と本格的なテキストプログラミング言語では、指示の書き方がちがいます。

でも、一般にプログラミング言語で使う計算式は「算数とほぼ同じ」！

例えば、
ソースコードには
2×3→2＊3、
6÷2→6／2
と書くんだね！

- ●足し算：＋　●引き算：－
- ●かけ算：＊　●わり算：／
- ●わり算の「あまり」：％（少し特殊）

※ただ、高校で習う三角関数などの高度な計算だと、書き方は言語ごとに変わってきます。

テキストプログラミング言語

```
hen=1*2
GraphicsWindow.DrawText(10,10,hen)
```

1×2、という意味だね。
これをコンパイル＆実行
させてみると？

できた！

Small B

2

計算は「演算」ともいうよ。 ＊／は演算子だ。

ビジュアルプログラミング言語

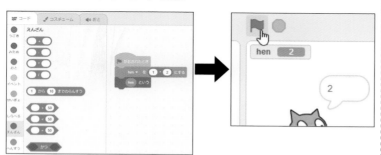

hen 2

2

左のソースコードに、「変数」があるの、見つけられるかな？ 演算にはボク、変数、例えば「hen」とか名づけて使うんだ！

プログラミングに必要不可欠な変数

　文字どおり、「数」の「変わり（代わり）」ができるのが「変数」。

　プログラミングの体験が進むと、必ず出会います。

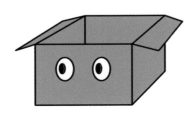

ボクの名は変数hen。ボクのなかに値を入れて「演算」するんだ！

　たとえば、ロボットを２歩動かしたいとします。その場合のソースコードには「henは2」と示したうえで、「２つ動け」と書くところを、「hen つ動け」と書きかえます。

変数を使わないソースコード

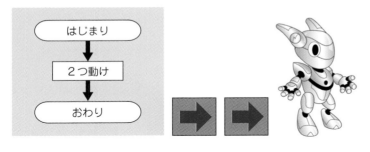

変数を使ったソースコード

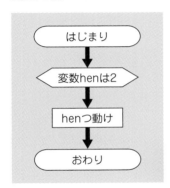

henに値を入れる、つまりhenという名の変数に値を入れて数とみなす。これを「代入」という。

どちらのソースコードも「２つ動け」という指示になるんだね。

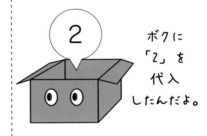

ボクに「2」を代入したんだよ。

26

次に、ロボットを「4歩」動かしたくなったとします。そのとき、変数を使ったソースコードであれば、「hen は 4」と書くだけでOK。

これで、「hen つ動け」は「4つ動け」という意味になります。

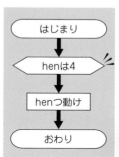

1か所、ソースコードの値を変えるだけで、2つから4つ動くようにできました♪

変数を使うと、いちいちソースコードの数値(すうち)すべてを書きかえる必要もなく、とても便利。プログラミングには欠かせない知識(ちしき)です。

変数へは一般(いっぱん)に「英数値(すうち)」を代入できます。そして変数へつける名前は**指示(しじ)や命令とされている単語以外**を、自由に使えます。

ちなみに、変数を使う前に**初期化・代入が必要**。変数の中の値(あたい)が何であるか、という宣言(せんげん)です。

ビジュアルプログラミング言語

テキストプログラミング言語

初期化（代入が宣言(せんげん)となる言語も多い）

```
hen=4
GraphicsWindow.DrawText(0,0,hen)
```

今度は、ボクに4を代入したんだね。

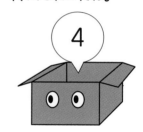

ソースコードは、「hen つ動け」の前に、「hen は 4」と代入する数を示(しめ)すんだね。

変数はこう使え！　平面なら「X」と「Y」変数

　変数と「座標」をいっしょに使うと、パソコンの画面上で画像をカンタンに動かすことができます。**座標は、「位置」を値で示したもの**です。Ｘ座標は横、Ｙ座標は縦、Ｚ座標は奥行を表します。

中学校の数学で習う座標と少しちがうから、要注意！58ページもあわせて確認しよう！

この世界ではＺ座標は奥行。ただＹ座標を奥行とみなすこともあり、確認が必要です。

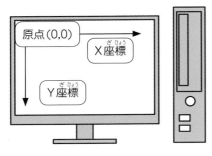

原点(0,0)
Ｘ座標
Ｙ座標

パソコン関連の画面は**左上が原点（基準点）**です。

　では変数を「Ｘ」と名づけ、そのＸの値を40、80と増やしていき、画面の横（右）へロボットや絵などの表示を移動させるには、どうすればいいでしょうか。この**表示（出力）**が3つ目のポイントです。見てみましょう。

　まず、はじめの位置を指示します。
　Ｘ＝0「Ｘを0にする」

X = 0

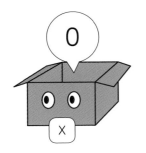

0

X

表示させた

Ｘ座標(0)

次にこの場所から、X座標＝40まで動かしてみましょう。

変数Xに「変数X＋40」した値を代入です。

X＝X＋40「Xの値を40足す」

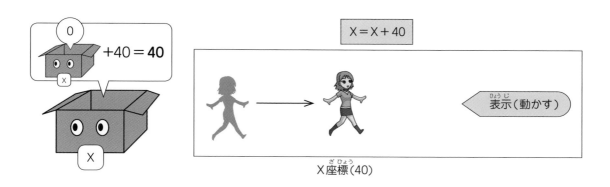

X＝X＋40

X座標(40)

さらに、その場所から80に動かしてみましょう。

変数Xに「変数X＋40」した値をまた代入します。

X＝X＋40「Xの値を40足す」

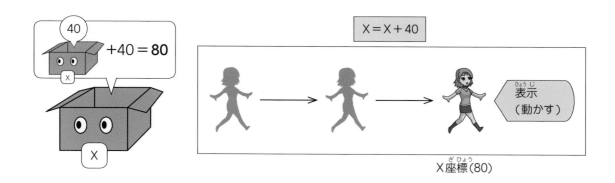

X＝X＋40

X座標(80)

そっかぁ～！
数字じゃなく変数を使って、その値を増減させれば、表示位置や移動先の指定がしやすい♪

ロボットからゲームキャラまで、この方法で動かされているぞ。

「もし」、「なら」の判定

　前のページのプログラムを実行してみると、キャラがはしっこ、X座標80まで移動してしまいました。このままだと、画面の外まで移動して見えなくなります。

　このあと、どうすればいいでしょう？

　プログラミングでは、機械や画面などの「状態」をいろいろ調べることができます。そう、**状態を「判定」し、うまく対応させること**が、プログラミングを見切るために重要な4つ目のポイントです。

　　　判定に使うのは「もし（If）」と「なら」のコンビ。

テキストプログラミング言語の判定「もし」では「If」命令が、言語を問わず、多く使われているぞ。

ビジュアルプログラミング言語

テキスト
プログラミング言語

　では「もし」、「なら」を使って、キャラがはしっこまで移動したあとの動きを指示してみましょう。

　たとえば、「もし」変数Xの値が80より大きくなった「なら」、「こんにちは！」と出して終了するとします。

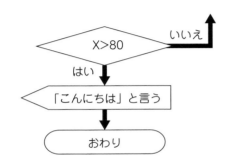

Xが80を超えていないなら、ループで戻し、また「X=X+40」。

プログラミング言語では、このように書きます。

テキストプログラミング言語（例）

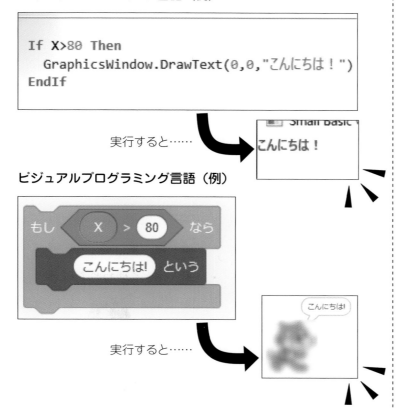

```
If X>80 Then
  GraphicsWindow.DrawText(0,0,"こんにちは！")
EndIf
```

実行すると……

ビジュアルプログラミング言語（例）

実行すると……

アルゴリズムどおり
動いた！

このプログラムのフローチャートは、こんな感じです。

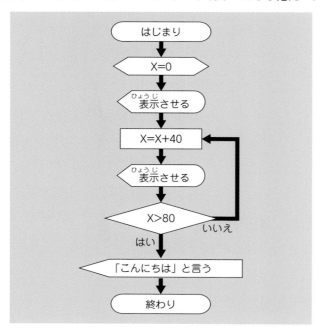

はじまり

X=0

表示させる

X=X+40

表示させる

X>80
はい　　いいえ

「こんにちは」と言う

終わり

ソフトを無限ループさせる！

プログラムは素早く動きます。けれどこんなふうにすぐ終わるものは「ソフト（アプリ）」とよべません！

そのため一般に、**プログラムは終了を選ぶまで「ループさせて操作待ち」**をするつくりになっています。

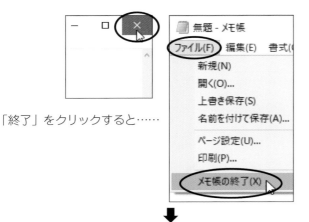

「終了」をクリックすると……

このようなウィンドウが出てくるので、終了のしかたを選びます。

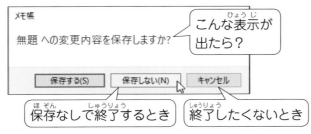

保存なしで終了するとき　　終了したくないとき

そしてパソコンなど機械は、きっちりとした「判定」をしていきます。基本は、値に対して「そうだ（はい）」か、「ちがう（いいえ）」との反応をくり返します。

え、「無限ループ」!?
これヘタすると「フリーズ」（異常な動作停止）と、同じ状態に……。

かつては「指示のミス」で無限ループがよく起こったが……。いまは画面の「終了ボタン（×）」を何度も選び「終わらせる」こともできるようになったんだ。

プログラムをループさせて、「判定」できる「間」をつくるんだね！

これをふまえて、ループさせるプログラムをつくってみましょう。

例えばこれだと、「こんにちは！」という表示の「タスク（処理・作業）」が実行されてからすぐ終わってしまいます。

ビジュアルプログラミング言語（例）

プログラムで機械へ「タスク」（処理）を指示

テキストプログラミング言語（例）

```
If Mouse.IsLeftButtonDown<>0 Then
  GraphicsWindow.DrawText(0,0,"こんにちは！")
EndIf
```

機械への「タスク」

そこで、「ループ」を指示し、プログラムをループさせて「間」をつくり、ユーザが操作するまで待たせます。

ビジュアルプログラミング言語

ループ用のアイコン（ブロック）

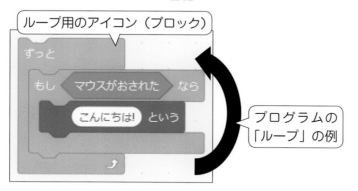

プログラムの「ループ」の例

テキストプログラミング言語

ループさせる命令

```
While "True"
  If Mouse.IsleftButtonDown Then
    GraphicsWindow.DrawText(0,0,"こんにちは！")
  EndIf
EndWhile
```

少〜し、わかってきた！プログラミングってこんな雰囲気と「ノリ」なのね♪

キミの「プログラミング初体験」は、まぁまぁか。「もし」「なら」や「ループ」でプログラムの流れを「制御」できる！ やり方はユーザそれぞれ、ソースコードもそれぞれ「個性が出る」のがふつうだ！

本格的な言語お約束の指示単語

If イフ 判定指示	While フォワイル ループ用	For {O} フォー O回ループ

プログラミングしたソフトはOSの支配下にある

OSは「オペレーティングシステム（操作するしくみ）」の略。

ソフトをプログラミングし実行させても、それらはOSの管理下にあります。

はーい♪

プログラム（電気信号）を受けたOSも「危険な指示」なら「その処理を実行するか確認したり、実行を拒否したり」します。安心♪

「デバイス」は、パソコンなどの機械のこと

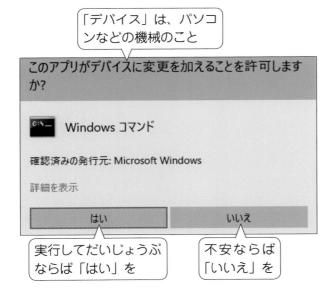

このアプリがデバイスに変更を加えることを許可しますか?

Windows コマンド

確認済みの発行元: Microsoft Windows

詳細を表示

| はい | いいえ |

実行してだいじょうぶならば「はい」を

不安ならば「いいえ」を

オッケー！　急に何か表示が出てもおどろかず考えまーす！

いきなり電源を切ったらこわれる!?

ふひゃひゃぁ〜!!!

プログラミングも電子機器も「おそれず」ひたすらためしてみるのが上達のコツ！　だが人の頭は休ませないとこわれるぞ!?

じゃ、じゃあ……電源をオフにして、あたしも休みますね？

サ、サングラス？
先生、こわれちゃったのでは……？

電源を切るには、パソコン本体の⏻印があるボタンをさがして押せばいいのでしょうか？

ええっ!?

⏻

スマートフォンやタブレットなどは「いきなり電源ボタン」を押して、かまいません。

しかし、これがパソコンの場合、①スタートとなる⊞を選び、②メニューの⏻を選びます。

さらにメニューが出てきたら③「シャットダウン」を選びましょう。

こうやって電源を切ります！

スマホやタブレットは一瞬だよね！　便利だな♪

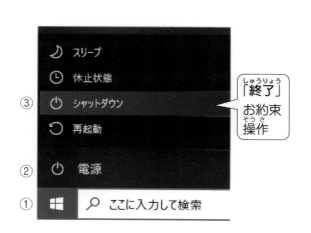

③ ⏻ シャットダウン

「終了」お約束操作

② ⏻ 電源

① ⊞ 🔍 ここに入力して検索

万が一のときは、「機械の」電源ボタンを長く押していると「強制的に電源をオフ」にできます。
　しかしこれは非常時の手。なぜなら、ごくまれに「トラブルのもと」になるからです。

　インターネットが使える状態なら、「自動的（勝手）」に、OSが自身の修正や調整となる「アップデート」を始める場合もあります。

アップデート中は操作も電源オフも全部「ダメ」だと!?
しかも時間かかるだと??

最初の雰囲気、どうだった？
これからね……ど、どうしたい？

やぁ♪

わくわくしてきた♪
ほかの体験もしてみたいなっ！

よぉぉし！
どんどん進もう！

次は……そう「こわれない」
イケメン先生だといいな♪

んん!?
イケメン？

CG(シージー)と プログラミング

CG(シージー)に関連(かんれん)するプログラミングで役に立つ知識(ちしき)を見ていきます。
最後には、よりレベルアップしたプログラミングとお絵かきにも挑戦(ちょうせん)!

この時間はボクがセンセーな
んだよ〜。よろしくねっ♪

うわぁ、バーチャルリアリ
ティの世界?
なんだかすっごくおもし
ろそう!

じゃ、こっちこっち♪

ウェイトする技術

速すぎてもダメ？ タスクのスピード

はぁ……着いた？ ここ、ドラゴンくんのすみかかな？
キレイな小川ね。プログラミングの「精神修行」するのかな？

キレイ？ CGの風景みたいでしょ？ この場所のひみつは、この時間の最後に教えるよ！

あ、あれっ。まわりに何もないのに、わたしのスマホ、「ネット」は圏外じゃなくつながる！

しかもいつもよりタスクが速すぎかな。表示を上下・左右に動かす「スクロール」まで速いような……？

ここでは、電波を使った無線LANやWi-FiでネットはOKだよ。
でね、たいていタスクのスピードはね、**プログラムでコントロールできるよ。**

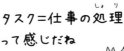

タスク＝仕事の処理
って感じだね

言語によって命令はかわりますが、タスクのスピードをちょうどよくするために、「待って」を指示することができます。

ビジュアルプログラミング言語

テキストプログラミング言語

```
Program.Delay(10000)
```

でも、ちょうどよいスピードは、それが何のプログラムなのかによってかわってきます。例えばこれらは、おそく動くと困ってしまいますね。

ロボットの
問題対処の処理

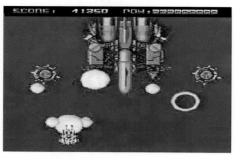

即応が必要なゲームなど

アニメーション（動画再生）の処理

「待って」の指示は「ウェイト」ともいうんだね。

そう。これは、テキストプログラミング言語で「待って」というときの指示の例だよ。

必要なときに待つようなプログラミングをしないとダメだね！

そうだよ？　じゃ体験しよ♪

39

ＶＲとＡＲのちがいは？

ＣＧの技術でＶＲ姿のボク、どうにかリアルになる！　待ってて……。

3Dテレビやホログラムじゃなくて？　いままでもリアルとＣＧの合成みたいだったけど……？

リアルとＣＧの合成……それはＡＲ技術だね。そのお話からしようか♪

　ＣＧは、コンピュータを使って描かれた画像や図形のこと。そしてＶＲは、頭を動かして方向を変えると、それに応じた画像が表示される技術。
　ＶＲによって、ＣＧでつくった世界へ入りこんだかのような体験ができます。

ＣＧは、Computer Graphics の略だよ。

ＶＲは Virtual Reality の略。「仮想現実」という意味だよ。

星空のＣＧ

満天の星空があるみたい！

海の上に立っているみたい！

海のＣＧ

ＣＧやＶＲは、ビジネスの世界では、モノやサービスを利用したときにどんな具合かを想像しやすくなるため、お客さんへの説明や発表などの「プレゼンテーション」で、実用化されつつあります。

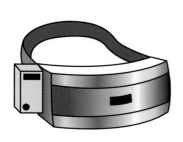

　ＶＲ体験にはゴーグルのような「HMD(ヘッドマウントディスプレイ)」をつけます。HMDから送られる頭の向きや、視線などの情報はセンサで感知されます。その値（情報）を使い、「画像を合わせる計算を行う」プログラミングをＶＲ技術ではしているのです。

そのうちつけなくても体験できる日がくるかもしれないけど！

　一方のＡＲ（拡張現実）はズバリこう！

ボクの手料理、食べる？
料理は得意なんだぁ♪

　スマートフォンやタブレット端末などを通して世界を見ると、実在しないモノがそこに存在しているかのように表示されます。ＡＲ技術は現実世界の画面にＣＧを「＋アルファ」する、そんな感じです。

人気アプリでも使われているね！

画像を描くための部品、GPU

　パソコンには「マザーボード」といって、CPUやメモリなどが配置されている重要な「基板」があります。そして、画像を描くための特別な部品は「GPU」といいます。一般にGPUはビデオカード（ボード）という別の「基板」となり、マザーボードにプラスします。

マザーボード

ビデオカード

GPUの「G」は
graphicsのGだよ。

　ただ、GPUではなくマザーボードにはじめから搭載されている（オンボード）部品が描くことも多くあります。
　GPUの性能はCGの美しさや描く速さ、機械の動作に影響します。通常プログラミングでは、動作のおそい機械でも「使える」よう注意します。

左の画像はGPUの性能
が右よりいいから、より
くっきりしているね！

　かつてCGは「人や動物の毛」「水や雲や波、モヤ」の表現が苦手でした。ですが、いまやほぼ解決されています。そのため「フェイク（ニセ）画像」「CGの俳優（CGI）」などがつくられ、「人間の俳優は必要ないのか？」と問題提起されています。

日本でもCGと音声合成
で歌手の美空ひばりがよ
みがえったね！

処理がおそい機械には「質」で対応

　右の画像を見て下さい。上から「ワイヤーフレーム」（線画）、「ポリゴン」（面での表示）、もようをつける「テクスチャ・マッピング」技術のCG表示です。

　描くのがおそい場合、CGをリアルにするのは難しくなります。そこで、バレないくらいにプログラミングで「質」を工夫します。

　では、どんなプログラムをつくればいいでしょう。

　考え方・問題解決の手順＝アルゴリズムと21ページで書きましたが、こういうときがプログラマの腕の見せどころです！

　OSやソフトなどを表示させるといろいろな「タスク」がくり返し動き出します。

　処理がおそく、描くのに時間がかかる機械は、CGの画質を少し「雑」にしても、「描く」「計算」タスクをシンプルなプログラムにします。

　これでまともな速さで動くモノにできるかも……!?

どんどんリアルになっていくね！

そういうプログラムにするのって、コンパイラはやってくれないの？

コンパイラ

主人公はプログラマの あなた！

　物語で例えれば、「お話の内容」まで、コンパイラはかえてくれません。

　コンパイラが行うのは、あくまでも文字やアイコンの指示を訳すことです。

「プログラマ」は、プログラムを書く人のことだよ。

ボク「タスク」だらけなの、はぁぁ……

機械はね、CPUやまわりの回路を動かし「タスク（処理）」をこなすよ。「計算（演算）タスク」「判定タスク」「描くタスク」「マウスを感じるタスク」「音楽タスク」などなど……。

そっか……。

ほら、「マルチタスク」だよ？　タスクが増えると機械の動きがおそくなるから……。何とかしないとね？

「おそい」プログラムを速くするアルゴリズム例

円をかくプログラムで、「質」について考えてみましょう。

x軸とy軸の交わる点を中心とし、円をかくとします。円は1つの点から同じ距離にある点の集まりです。

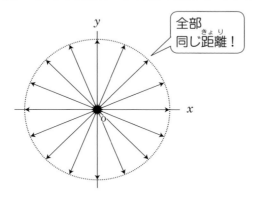

全部
同じ距離！

この点を全部つなぐ
と円になるんだ！

つまり、これらの点の位置を値（座標）で表し、その点をたどるようなプログラムをつくれば、円がかけます。

座標を（X,Y）とすると、こんな式で表すことができます。

X＝半径*Sin（角度）
Y＝半径*Cos（角度）

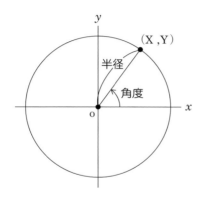

じつはSin、Cosは、プログラミングのポイントになるんだよ～。でもいまは意味がわからなくてもだいじょうぶ！

円にするには、XとYの式に**少しずつずらした角度を代入**して計算させ、360度分の座標（X,Y）の位置がわかればいいのです。

では、180個の点をたどる円のプログラムをつくってみましょう。

Scratchの画面だよ。みんなもこのとおりにアイコン（ブロック）を並べてみよう！

ビジュアルプログラミング言語

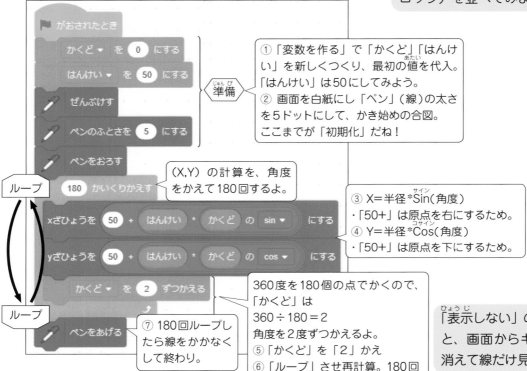

準備
① 「変数を作る」で「かくど」「はんけい」を新しくつくり、最初の値を代入。「はんけい」は50にしてみよう。
② 画面を白紙にし「ペン」（線）の太さを5ドットにして、かき始めの合図。ここまでが「初期化」だね！

（X,Y）の計算を、角度をかえて180回するよ。

③ X=半径*Sin（角度）
・「50+」は原点を右にするため。
④ Y=半径*Cos（角度）
・「50+」は原点を下にするため。

360度を180個の点でかくので、「かくど」は
360÷180＝2
角度を2度ずつかえるよ。
⑤ 「かくど」を「2」かえ
⑥ 「ループ」させ再計算。180回くり返す。

⑦ 180回ループしたら線をかかなくして終わり。

「表示しない」の項目を選ぶと、画面からキャラクタが消えて線だけ見られるよ。

できたら、🚩をクリックしてみよう。円がかけたかな？

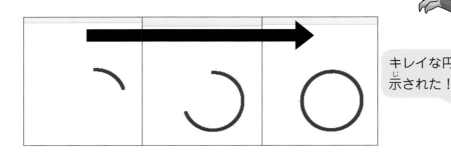

キレイな円が表示された！

次は、ループの計算を30回に減らしてみます。どうなるでしょう。

さっきのはキレイな円だったけど、その分ループの計算タスクが180回もあったから、次はその数を減らすんだね！

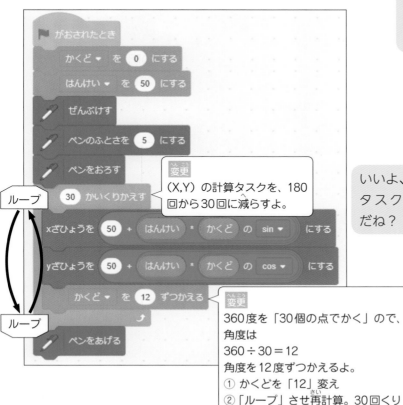

ループ

ループ

変更
(X,Y) の計算タスクを、180回から30回に減らすよ。

変更
360度を「30個の点でかく」ので、角度は
360 ÷ 30 = 12
角度を12度ずつかえるよ。
① かくどを「12」変え
②「ループ」させ再計算。30回くり返す。

いいよ、これ！タスクは30回だね？

点の数が減ったから少し線があらいけど、そのかわり計算タスクをくり返す回数も減ったね。これでおそい機械でもタスクは速くまともに動くってことね。

結果を予想して、🚩 をクリックしましょう。どんな円になりましたか？

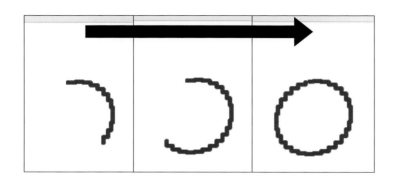

点の位置の計算回数をかえても円になるアルゴリズム。うまく考えたね〜！

「質」を選べる「柔軟」なプログラミングの比較

ソフト（アプリ）の画質選びができるってソフトらしくていいよね！

ビジュアルプログラミング言語（例）

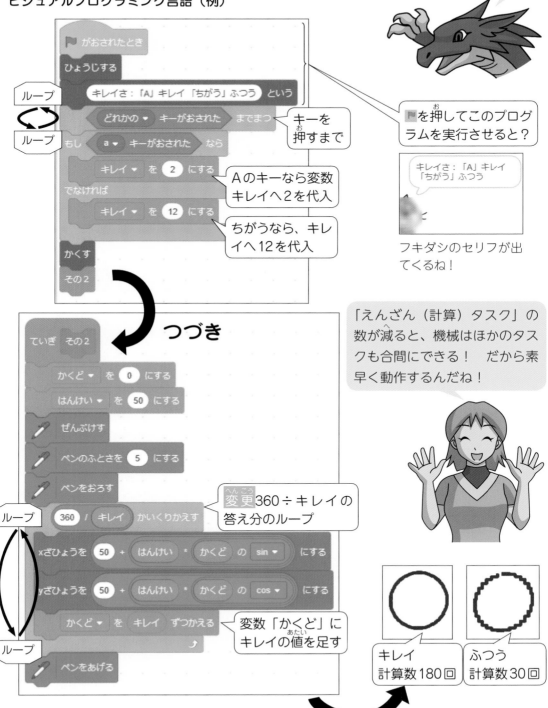

■がおされたとき

ひょうじする

キレイさ：「A」キレイ「ちがう」ふつう　という

ループ

どれかの ▼ キーがおされた　までまつ

キーを押すまで

ループ

もし　a ▼ キーがおされた　なら

キレイ ▼ を 2 にする

Aのキーなら変数キレイへ2を代入

でなければ

キレイ ▼ を 12 にする

ちがうなら、キレイへ12を代入

かくす

その2

■を押してこのプログラムを実行させると？

キレイさ：「A」キレイ「ちがう」ふつう

フキダシのセリフが出てくるね！

つづき

ていぎ　その2

かくど ▼ を 0 にする

はんけい ▼ を 50 にする

ぜんぶけす

ペンのふとさを 5 にする

ペンをおろす

「えんざん（計算）タスク」の数が減ると、機械はほかのタスクも合間にできる！　だから素早く動作するんだね！

ループ

360 / キレイ　かいくりかえす

変更 360÷キレイの答え分のループ

xざひょうを 50 ＋ はんけい ＊ かくど の sin ▼ にする

yざひょうを 50 ＋ はんけい ＊ かくど の cos ▼ にする

かくど ▼ を キレイ ずつかえる

変数「かくど」にキレイの値を足す

ループ

ペンをあげる

キレイ
計算数180回

ふつう
計算数30回

実行！

テキストプログラミング言語（例）

ループ

ループ

ループ

360に
なるまで

ループ

文字の表示

```
GraphicsWindow.DrawText(0,120,"キレイさ：「A」キレイ 「ちがう」ふつう")
While GraphicsWindow.LastKey="None"
EndWhile

Kirei=GraphicsWindow.LastKey
If Kirei="A" Then
  Kirei=2
Else
  Kirei=12
EndIf

Kakudo=0
Hankei=50
GraphicsWindow.Clear()
GraphicsWindow.PenWidth=5
GraphicsWindow.PenColor="black"
Turtle.PenDown()

Turtle.X=50
Turtle.Y=100

For lp=0 To 360/Kirei
  X=50+Hankei*Math.Sin(Math.GetRadians(Kakudo))
  Y=50+Hankei*Math.Cos(Math.GetRadians(Kakudo))
  Turtle.MoveTo(X,Y)
  Kakudo=Kakudo+Kirei
EndFor
Turtle.PenUp()
Turtle.Hide()
```

条件つきループ命令（キー
が押されていないなら）

キーを調べ代入

もしAキーが押されたなら
変数Kireiへ2を代入

ちがうなら変数Kirei
へ12を代入

準備

実行結果

キレイさ：「A」キレイ　「ちがう」ふつう

言語で書き方は変わるけど、
アルゴリズムは同じ。
さっきのプログラムは、こー
んな感じだよ！

ペンのかわり

変数KakudoにKireiの値を足す

⬇ 実行！

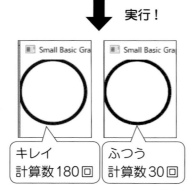

キレイ
計算数180回

ふつう
計算数30回

プログラムの動きは似てても、
ほかの言語だと英単語の指示や
命令のソースコードなんだね！

49

機種やスペックで動くスピードはバラバラ

パソコンやスマートフォン、機械により動くスピードは速かったりおそかったりします。使う機種によって動く速さが「変にかわる」なら最悪！「本格的なプログラミング（ソフト開発）」なら、考えどころです。

たとえば市販のゲームソフトアプリでは、表示のさせ方で動くスピードを調節できます。

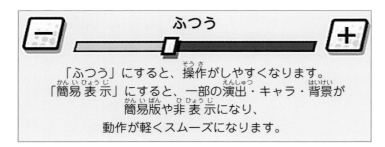

「ふつう」にすると、操作がしやすくなります。
「簡易表示」にすると、一部の演出・キャラ・背景が
簡易版や非表示になり、
動作が軽くスムーズになります。

簡易表示だと、ドラゴンもこんな感じに……!?

（例）

設定で調節できても、
こんな「犠牲」はイヤ〜!!

ところがいまは21世紀。「速くて費用も安い」機種や機械が、ぞくぞくと登場し、一般的になってきました。

ではそんな技術で、計算やいろいろなタスクをループさせまくると、CGの表示はどんなふうになるでしょう？

やっぱりダメ？
この「質」じゃ……。

ドーン!!

(©ハタチュウ/ご提供作品)

こんなふうに、計算次第で実写映画やドラマのセット、そして人や動物、景色まで「本物」と見分けがつかない質のCGになります。

それにしても、こういうスゴイCGもプログラミングして、先ほどの「円」みたいに「計算でつくり、描く」のでしょうか。

ス、スゴイ！
対抗したって圧倒負けよ？

けど、す、すさまじい計算と回数になりそう……。

3DCGをつくる専門家に聞いてみよう！

プログラミングで
キャラクタを動かそう！

キャラクタや風景をつくる「モデラー」

わたしはね、キャラクタ専門の「3DCGモデラー」！ ちょうどいま、ソフトを使って「お馬さん」が完成したの♪

すごーい！

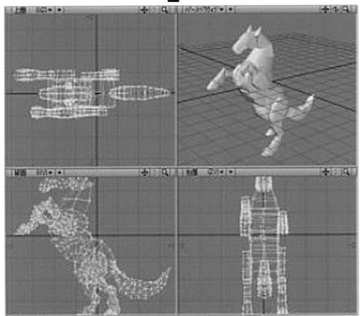

モデラー（デザイナ）さんがモデリング、つまり専用ソフトでつくってくれて、3DCGの素材にできる「オブジェクト」が誕生！

　たとえば乗り物のクルマだと、技術とデザインを考えるのは、一般に別の人です。
　プログラムでも、プログラミングする人（プログラマ）＝技術者、キャラクタや風景をつくる人＝モデラー／デザイナ、こんな感じにわかれて作業しています。

そっかぁ……。オブジェクトは「プログラミング」で山ほど計算してつくらないんだね?

そうだよ、大変なことになるからね!

あ、あの……。いいですか? せっかくの「オブジェクト」を活かすも殺すも「プログラミング」次第ですよー? 計算して「かいて」動かし、"命"を吹きこむんです!!!

やだド素人!

わたしがモデリングしたキャラクタたちなのよ! プログラミングで計算回数をケチった質の悪いモノにしないでよ、ほんとに。

え、女帝……?

……とりあえず「オブジェクト」と「プログラミング」の強い関係と技術を、見ておこうか? 技術はいろいろと使えて、少しずつ頭でイメージできると、画像を使う「応用」もカンタンになるよ♪

キャラクタや風景を「モデリング」し、できたオブジェクトは「ファイル」として、そのまま保存していきます。

　音楽(ファイル)が1曲ずつ、個別に保存されているのと同じ感覚です。

モデリング

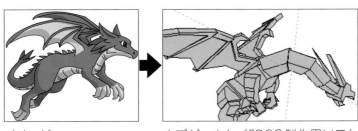

イメージ　　　　　　　オブジェクト（3DCG制作用ソフト
　　　　　　　　　　　　でつくった）

ファイル（数値）化されて保存

ファイル「dragon」

```
'kao↓
500,0,0, 0,66,99, 21,96,30, 0,81,69, -21,96,30, 0,66,99,↓
'karada↓
500,0,0, 0,66,99, 0,81,69, 0,66,30, 0,75,-3, 0,60,-114,↓
'te↓
500,0,0, 12,51,45, 9,57,42, 0,63,27, -9,57,42, -12,51,45,↓
'asi↓
500,0,0, 21,45,0, 15,57,-27, 0,72,-3, -15,57,-27, -21,45,0,
'tubasa↓
500,0,0, 0,66,30, 60,90,54, 150,141,-12, 45,96,6, 0,75,-3,
-45,96,6, -150,141,-12, -60,90,54, 0,66,30, 9999↓
```

ファイル内容の一例だよ。こんな感じに保存されているんだ。

　このような、保存された**数値のデータ**「オブジェクト・ファイル」の素材やキャラクタは、「プログラミング」をして、**画面へ表示**させます。

54

オブジェクト・ファイルを再びプログラムでCG（シージー）へ（質素な表示ですが……）

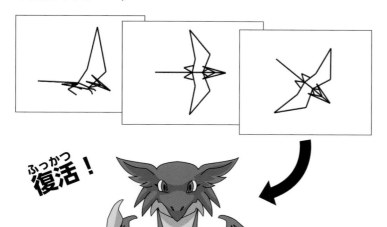

 復活！

プログラミングでは、オブジェクトのファイルのデータを読み、値（あたい）を変えたり、書きこんだり「目立たせて」、オブジェクトを動かします。つまりプログラミングして、「ユーザ」がそれらを操作（そうさ）できるようにするのです。

機械（ロボット操作（そうさ））

プログラムがあるから動く！

ゲーム

キャラクタや風景のファイルが画面に表示される！

な、なるほど……「プログラミング」しないと、機械やゲームは動かないのね。

そうだよ。じゃないとただの数値（すうち）データやモノになっちゃう……。

ＣＧを動かすには「エンジン」を使う

　ですが、リアルなＣＧを表示させたり動かしたりするのなら、多くの計算が必要になり、とても大変です。例えばこんな計算をプログラムに実行させないといけないからです。

・ドット（■）を描く位置
・光源との兼ね合い（光の反射や影、影響）
・もよう（テクスチャ）の質感
・環境による光の屈折率、反射率など

　これではプログラミングが大変すぎるため、(3D)ＣＧ「エンジン」とよぶ、ライブラリをわかりやすくまとめたものがつくられています。たとえれば、「物理演算し、描き、動かすところまで行うしくみ集」です。

　「エンジン」や、いろいろな「ライブラリ」は、高度な専門知識なしでそこそこスゴイ機能が使える「プログラムのひな形」です。

　いま、「ソフト（アプリ）開発用プラットフォーム（必要な機能がそろった総合ツール）」が、つぎつぎにデビューしています。

「エンジン」って、インターネットのウェブサイトをさがすときに「検索エンジンを使って」とかいうけど、それと同じ？

それはこの「エンジン」と別物だよ～！

ＣＧエンジンは、「３ＤＣＧシェーダ」や「レイトレーシング」ともよんで、どんどん使いやすくなっているんだよ。

ややデザイナさん向けのUnityは、精密にオブジェクトをかいたり、リアルタイム（即時）アニメーションさせたりできる「CGエンジン」。いろいろとまとめられた「ライブラリ」です。

　CGを使う映画やゲーム、動画づくりなどで大活躍！

「**スクリプト（小さめなプログラム）**」の入力と実行機能もセットになっていて、細かく状態をプログラミングまで、できます。

ユニティー!?　ムリムリ、こんなの意味わかんないもん！

これを理解してっていうわけじゃないから、安心して！　でもこれからいっしょに３Dをやるために、必要なことは学んでいこう？

XYZ座標やSin／Cosと仲よくなろう！

CGエンジンを使うとしても、3DCGを動かすために知っておいたほうがいいのが、またもやXYZ座標とSin／Cos。

28ページで少しだけあつかいましたね？　ちょっとくわしく見てみましょう。

一般に、x軸とは横の線です。0から右へ行くほど数が大きくなり、左へ行くほど小さくなります。

0より小さい数は「マイナス●」と表します。

場所を数値で表すやり方だよ！

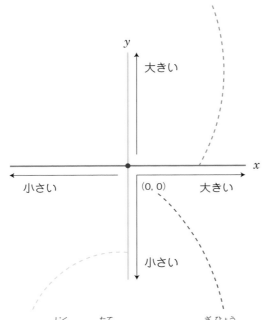

なるほど～

ふつうは、y軸とは縦の線です。0から上へ行くほど数が大きくなり、下へ行くほど小さくなります。

0より小さい数は「マイナス●」と表します。

中心の座標(0,0)というのは、x軸の値が0、y軸の値も0の位置、という意味です。(△,□)の△がx軸、□がy軸の位置を数で表しています。

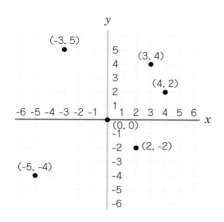

それぞれの点の位置は、こんなふうに表せるよ。なんとなく、わかるかな？

これにＺ軸を加えると、奥行も表せます。

パソコンの画面で円をかいたり、キャラクタを移動させたりするときに、こんな座標を使います。

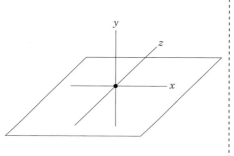

ちなみに、パソコンの画面では左上が（0,0）になっています。ｘが大きくなるとＣＧなどは右に、ｙが大きくなると下にいくイメージです。

Ｘ軸の値を増やすと右へ移動したね！

X座標を大きくすると……

Y座標を大きくすると……

……Z座標を大きくすると

下へ移動したね！

Ｚ軸の値で奥行がかわったね！近くなった！

画面ではなく、リアルな世界や考え方次第では、モノの置き方や見方によって、Z座標の決まりはかわります。

名称やよび方の問題ですが、座標については注意して不明なときはたしかめるようにしましょう。

こんな
場合も……

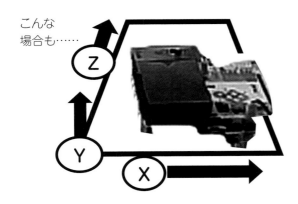

そしてイメージすら、ややこしげなSinとCosは「三角関数」とよばれます。

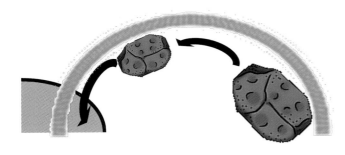

三角関数はモノがどう動くかの計算などにも使うよ。

細かいことはわからなくてOK。これらをふまえて、エンジン関連を使う基本となる関数を体験しましょう！

流れ図（フローチャート）では、こんな形でかきます。

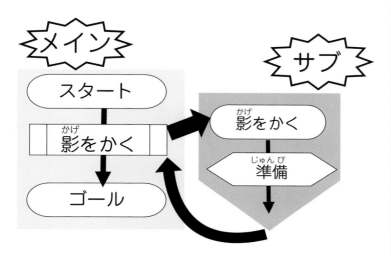

これが、関数のイメージです。なんとなく、雰囲気はわかります？

> プログラムが上から実行されていって……関数のところで「サブ」のソースコードにうつるんだ。

別（ソースコード）の流れ

（メイン）プログラムの流れ

> 関数はサブルーチンともよぶけど、ふつう「単独」では実行できない。メインから呼ばれて、流れがうつってから実行されるの。

> じゃ、関数を使ったプログラムを見てみよう！

関数を使ったプログラムを見てみよう！

　今後のプログラミングの主流。それは「ライブラリ」や「描画／CGエンジン」がそなえている難しい指示や処理集「関数／API」（別のタスクや単独のプログラム）の名前を見つけ「呼びだす方式」になっていきます。

【Scratch】 長いソースコード

実行すると……

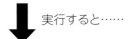

APIについては、5時間目でくわしくやるよ！

なーるほど♪
左の1つの「ソースコード」を実行した結果はこうなるのね。

あ、でも関数を使った別のやり方もあるかも……？

【Scratch】 関数で分けたソースコード

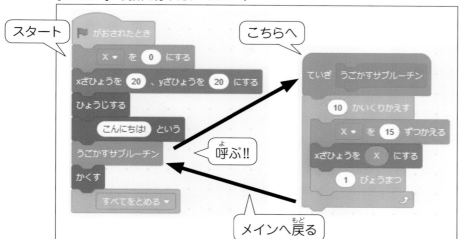

スタート

こちらへ

呼ぶ!!

メインへ戻る

「10かいくりかえす」ところを「うごかすサブルーチン（関数）」に分けると、こうなるの？

実行すると……

結果は
同じ！

そうそう！ ひとつのソースコードか、要所を分けて見やすくするか。プログラマそれぞれのつくり方で、個性が出るんだ！

エンジンやライブラリがそなえる関数を使うには、どんな機能があり、必要な関数はどれかわかる……そんな知識が大切になります。

とくに、処理の方法やしくみを知らなくても（ひみつの場合もあります）、あつかえるライブラリの関数は多くあります。

とても便利だけど、有料の場合もあるよ。気をつけて！

たとえばある言語では、これを使うだけでターンが可能！

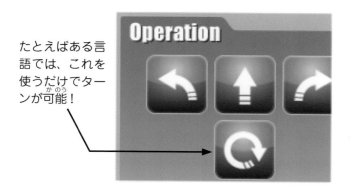

画像を動かすのに欠かせない「スプライト機能」

　「スプライト機能」とは、2次元（平面）画像を、あとを残さずスムーズに動かす機能のこと。

　もしも、ふつうに画像を動かすと、下のように移動前の画像が残ってしまいます。そうならないようにする機能を示す言葉です。

　また、「背景を透過（透明）」にできる画像形式GIFやPNGは、多く使われています。

機能や
処理なし

透過なしの例

機能と
透過ありの例

以前はマスク処理（無地部分をかかない）とか、レイヤー（独立させた平面）を重ねるとか、いろいろ工夫したけど、もう自動化されているよ！

わわっ！
「透過」って気にしなかったけど、仕事させないとヒドイのね……。

「重ね合わせ」順にご注意！

　おやおや、パスワードを入力したいのに、入力ウィンドウがほかのウィンドウの下に出てきてしまいました。もう1つのパソコンは、いん石がこぶしの後ろに見えていて、不自然ですね。

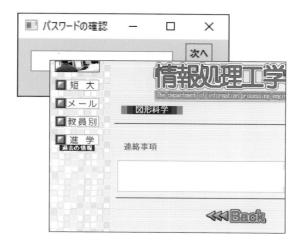

入力欄が隠れてて不便……。下の画面は、いん石がめりこんでる？

背景、キャラ1、2……、文字（テキスト）とか、これらはどう表示させたらいいかな？

　1つ目はウィンドウの表示でたまに起きるため「仕様（こういうものだ、という意味）」ともいえますが、プログラミングの工夫で減らせます。「いん石」の方は製品版なら、これは「バグ」あつかい。こちらはプログラムの修正で解決させます。

【Scratch】

※指示の命令がない言語も多くあります。

あっ！
いん石が「最前面」になった♪

　ただ、画像表示の順番を変える命令がないときは、どうしましょう？　そんなときは、アルゴリズムでの対応あるのみ！

　そう、答えはシンプルに、奥（背景）からその上、その上へとかけばいいのです。パソコンなどの機械は「順番をかえるタスク」がない分、速く動けます。

配置順の変更
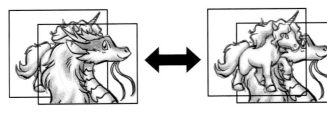

　また、「スプライト機能」や、似た機能をプログラミングで使えれば、回転・拡大・縮小までカンタンにできます。

絵を描く人に言うときは「順番ってレイヤーと同じ」、これで通じるよ！

拡大　　　　回転

縮小

ソフトを使い、プログラムであつかえる絵を描いてみよう！

お絵かきソフト「ペイント」の基本の使い方

ちょっとひと休み。「ペイント」で絵を描いてみましょう。

ソフトの開き方だよ。

②「バー」を下げていく。

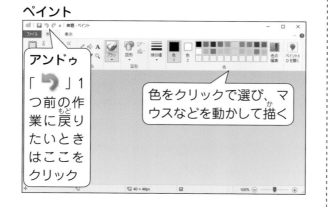

①始まりの ⊞ をクリック（タッチ）しメニュー表示。

③「Windows アクセサリ」の右端「∧」を選ぶと、左のようにさらにメニューが出るので、下側にある「ペイント」をクリックします。

④ ペイント

これでウィンドウズ（OS）に付属のお絵かきソフトが画面に出ます。

ペイント

アンドゥ
「↺」1つ前の作業に戻りたいときはここをクリック

色をクリックで選び、マウスなどを動かして描く

よ、よぉ〜し♪

描く場所のサイズは絵
（画像）の使い方で変え
ます。

「ホーム」の「イメー
ジ」を選び、メニューの
「サイズ変更」。

変更の画面を出して
「ピクセル」の「**ラジオ
ボタン**」を選び……。

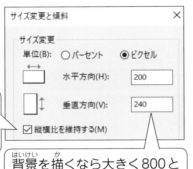

縦横のバランスをかえ
るときチェックを消す！
「チェックボックス」

背景を描くなら大きく800と
600以上、キャラクタは80
と80目安。数の入力はク
リックで欄にカーソルを出し
てから入力

ではまた「ホーム」を
選び……**ためしがきして
遊ぼう！**

「ツール」からペンを選ぶ。
マウスの左ボタンを押しな
がら動かすと線が描ける

塗りつぶし
機能

消しゴム機能

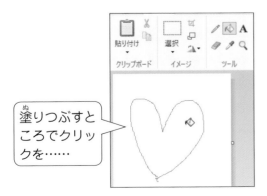

塗りつぶす
ところでクリッ
クを……

ペンへ
戻して……

変になったら⤴(Undo)機
能を選べば操作を元に戻せ
るよ。ためして楽しんで！

できた！　ハート！

ちょっと
ゆがんじゃっ
たけど……

ボクもできた！

描いた絵は何形式のファイルにする？

描いた絵の保存方法は、どのソフトもほぼ同じで「ファイル」⇒「名前を付けて保存」です。

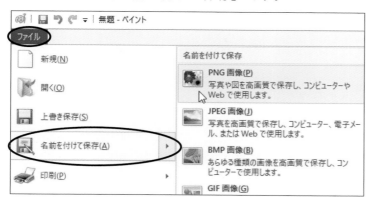

JPEG、PNG……画像？

フォーマットや形式などの「仕様（取り決めごと）」にしたがい、画像はファイルへかえて保存されます。その形式はJPEG、PNG、GIFなどたくさんあります。

PNG、GIF形式は透過ができ、さらにGIF形式は「GIFアニメ」という画像に動きをつけるしくみがあります。ですが256色までしか保存できません。小さな画像向きです。

さまざまな形式で保存した画像がウェブサイトでも、たくさん読みこまれ表示されています。

色の透過もできるPNG。これはスプライト用みたいだね？ で、少しモヤっとなるけど超コンパクトに保存できるのはJPEGだよ。

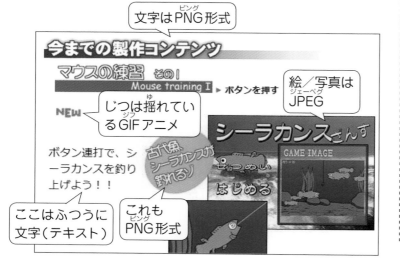

文字はPNG形式

絵／写真はJPEG

じつは揺れているGIFアニメ

ここはふつうに文字（テキスト）

これもPNG形式

BMP(ビットマップ)形式は画像データを「そのまま（ベタ）」保存。ウェブサイトでは使えずデータの量も大きいのですが、画質は劣化しないのが特徴です。

次に、ファイルを保存しようとすると、こんな感じの保存用のウィンドウが出ます。でも、ファイルの「保存場所」はどこに？

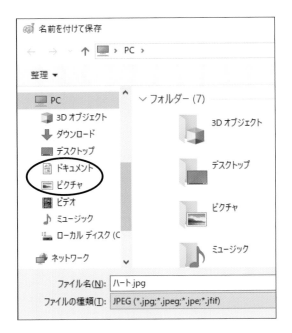

そう、ダメ！ 保存は待って！ 細かく指定しないと！

へ？ JPEG画像にして、ファイルにつける名前を入力するだけじゃダメなの？

ファイルを保存する場所は？

「デスクトップ（パソコン画面）」「ドキュメント」「ピクチャ」のどれかを選び、自分専用のフォルダをつくってみましょう。

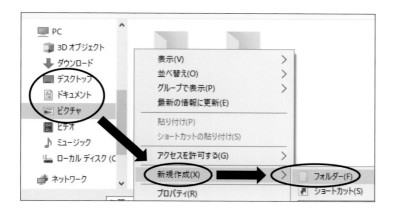

フォルダが
できた！

名前を入力しよう。

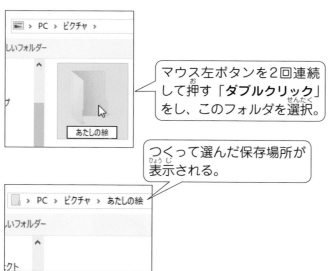

マウス左ボタンを2回連続
して押す「ダブルクリック」
をし、このフォルダを選択。

つくって選んだ保存場所が
表示される。

ファイル、自動で適当
に保存されないの〜？

そんなことしたら、ファイルがパソコンのなかで行方不明になるよ。だから、ふつうは、こうしたほうがいいよ！

これでバッチリだね！

「フォルダ」はファイル整理用の入れ物（区切り）です。

　画像や文書、音楽などのデータを記録したものが「ファイル」で、フォルダの中に入れて保存できます。

　フォルダはいくらでもつくれますが、ファイルを保存したい場所にたどりつくまでが、長ーくなります。

どこに保存されてるのか、わかりやすそうだね！

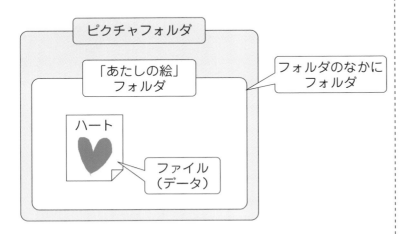

ピクチャフォルダ

「あたしの絵」フォルダ

フォルダのなかにフォルダ

ハート

ファイル（データ）

　ちなみに、保存場所に「デスクトップ」を選ぶとこの画面に保存されます。

フォルダがあったり……

ファイルがあったり……

ココだとパソコン画面がゴチャゴチャするかな？　どこに保存するかは人それぞれ。自分なりに整理して保存しよう。

ファイルからも、保存場所を確認できます。

ファイルの上でマウスの「右」ボタンをクリックして、「プロパティ」をクリック。「場所」がそのファイルの保存場所です。〜〜〜部分は、**ファイルの正式な場所を示す「Path」です。**

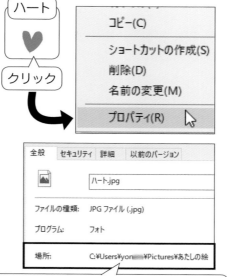

C:¥Users¥yon○○¥Pictures¥あたしの絵

Pathは、ファイルの住所みたいなものだよ。

プログラム実行できたよ！

ファイルのPathは、プログラミングをするうえでも重要です。Pathがわからずファイル名だけでプログラミングすると、うまく動かないなど「えー！」となってしまう現実が（Scratchなどもふくめ）あるためです。

たとえば、このプログラムはOK。

```
Heart=Shapes.AddImage("C:\Users\yon■■\Pictures\あたしの絵\ハート.jpg")
Shapes.Move(Heart,50,50)
Shapes.ShowShape(heart)
```

※これは忌避的な「絶対パス」ですが、意味合いを理解するテストのため使っています。

このプログラムはダメ。名前だけだと正式な場所がわからず、プログラムでファイルを読みこめない！

```
Heart=Shapes.AddImage("ハート.jpg")
Shapes.Move(Heart,50,50)
Shapes.ShowShape(heart)
```

プログラミング言語によってPathを「きっちり指定する」もの、「別に設定する仕様」のもの、「ファイルを読むウィンドウを使う」ものなどいろいろあるよ！

画像の「アップロード」のしかた

　アップロードとは、ファイルをソフトや別の機械に送って使わせたり保存したりすることです。

画像の保存場所からScratchの画面にドラッグ＆ドロップでアップロードしようとしても……

できない！

たとえばScratch。

ドラッグ＆ドロップは、タッチして操作する機器のスワイプにあたる操作だね。

参考として、Scratchでやってみよう！

　ただ、画像をドラッグ（マウスなど、左ボタンを押しつつ動かす）して、目的の場でドロップ（離し）、アップロードや読みこませられることができないプログラミング言語もあります。
　そんな場合は、ソフトを操作して画像をアップロードしましょう。

まず、画像を表示するプログラムをつくります。

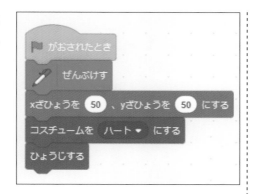

次に犬のマークにカーソルを当て、「スプライトをアップロード」を選びます。

新しいウィンドウが出てくるので、アップロードしたいフォルダ、そして絵を選び、右下の「開く」をクリック。

描いた絵が表示されました！

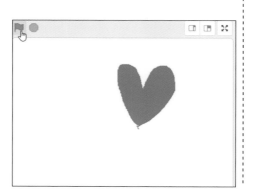

う、う〜ん
やっぱり自動で美しいハートに修正されたりはしないよね……。

そうそう、2時間目のいちばん最初のキレイな場所は、スタジオ（グリーンバックスタジオ）で撮った映像の「クロマキー」（映像の合成）でした！

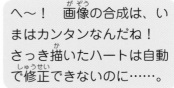

へ〜！　画像（がぞう）の合成は、いまはカンタンなんだね！さっき描（か）いたハートは自動で修正（しゅうせい）できないのに……。

こんなふうに別の場所（と）で撮った画像（がぞう）をいくらでも組み合わせられるんだ。

でね、じつは自動で画像（がぞう）を美しくできるんだ！そんな感じの「プログラミングに活（い）かせる映像（えいぞう）のワザ」、体験する？

もちろん！

じゃあ次、行こうか！

ロボットと
プログラミング

おやおや、何者かがいきなりわりこんできました。
ということで、3時間目はロボットのプログラミングを体験！

小学生でもロボットを
あやつれる！

ロボットを動かすプログラムを見てみよう

あっ！　この人、なんとか
かんとかっていう正義の味
方で、いま、売り出し中の
人だ！

あの……売り出し中とか、どうかご内
密に……って！　名前すら知らない？
しかも「人」だなんて失敬な奴だな！

もう、なんでもいいですけど、わりこんだ
からには、プログラミングを教えてくれる
んですよね？
たとえば、こういう難しそうなものとか。

わかるかぁ！

え〜……

ふーん。それがあなたの「答え」……ね？

……あ、いえ。わ、わたくしめは名前が「ミラクルロボ X（エックス）」、プログラミング「されている」側でして……ね。その、小学生向けプログラミング言語は、司令官が使っているので、その知識（ちしき）を「ダウンロード」すればお教えできるかと……。

「ダウンロード」は、情報（じょうほう）やファイルなどを自分のパソコンなどへ読みこませたり、保存したりすること。パソコンなどに「落とす」ともいいます。

「ネットから落とす」は、ファイルなどを自分のところで受信して保存（ほぞん）すること。スマートフォンだと、アプリの「ダウンロード」でよくやりますね。

むはは、ダウンロードした！これでもーうオレにまかせろ！

ええっ！ ダウンロード？？で、いきなりの強気……。

だいじょうぶなのかな、ほんとに……

ロボットを操作するんだよね？
それならまかせて！
あたし、運転免許もってるから。

　誤解があるようですが、ロボットをあやつるといっても、「操作」と「操縦」はまったくちがいます。
　アニメのごとく「ロボットに乗りこみ戦う」などしません。免許も不要！

　「ロボット」を自在に動かすには、うまいアルゴリズムを元に、プログラミングをします。

　では問題です。
　下のクルマ型ロボットをドラゴンのところまでピッタリ進めてみてください。

できるかな？

はーい、手で持って
運んでいきまーす♪

寸止めぱーんち！

それじゃ意味ないだろ!!!
プログラミングはどこ行った？
これを使うんだー！

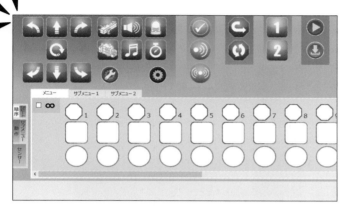

アーテック社Studuino

ビジュアルプログラミング言語では指示する「アイコン（絵文字）」をドラッグ＆ドロップし、ロボットを動かす！　そして「プログラミング」の基本の基本の考え方まで体験する！　……これが学ぶポイントです。

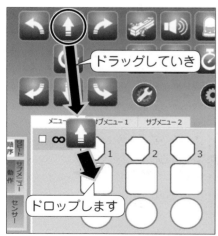

ドラッグしていき

ドロップします

こんな感じ！

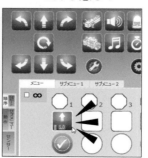

ソフト（アプリ）によって画面はちがうから、この写真とちがっても大丈夫。おどろかないでね〜！

おもに低年齢層の教育現場では、このような雰囲気のモノから始めていくぞ。

うーん、「前進」の指示になったかな？

ヤケなプログラムでは暴走する

さっそく、プログラムを実行してみましょう！

ピタッ

おおーい！
前進 ⬆ したけどね、
途中でとまっちゃった
よ～。

1回でダメなら、さらに
パンチパーンチ！　考え
てためす訓練だ！

「前進」の指示を「ぽんっ」と、ただ使って、プログ
ラムが完成するわけではありません。

では、これではどうでしょう。

ヤケ気味な指示を連発（テキトーな個数）

えーい‼　これでどう⁉
「前進」を何回も指示す
る！

「何のデータもなし」「設定せず」のまま、前進の指示
を連発したら、下のように暴走気味になってしまいまし
た。

ボクのところまで来たの
に、まだ進もうとしてる
よ‼

進め！ 進め！ 進め！ 進め！ 進め！

同じ動きのロボットでも指示のしかたはそれぞれ

「ループ」も設定も使わず、同じ指示の連続は「無芸大食」。パソコンや機械の「メモリ(タスクの一時的な作業場)」を、大食い(多く使い圧迫)します。

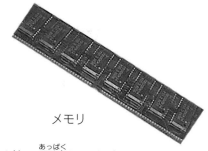

メモリ

解決のためのアルゴリズムは大きく分けて2つ!

ひとまず、「前進」だらけの指示を消しましょう。

たいていマウスなどの「右」ボタンをクリックすると、メニューが出ていろいろな作業ができます。消したいアイコ

ンの上で「右」クリックして、「削除」を選びます。

おや、画面に「時間の設定」というところがあります。ここで、うまく調節できるでしょうか。

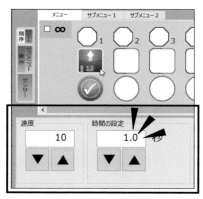

プログラムの指示、つまりソースコードには個性が出るぞ。

さあ、やり直しだ!

前進1回で動く距離のデータを測ってから、指示するとか……?

クルマがボクのところまで来たときの「時間」のデータを、ボク測ってた。5秒だったよ！

時間の設定	
1.0	秒
▼	▲

ありがとう！
それで「見切れた」！
さっき🔼が5回であなたのところに行ったから、🔼は1つで1秒動くんだ！　ここの「1.0秒」は、🔼1つで動く時間のことね！

つまりこれが「5秒間動かす」プログラム。

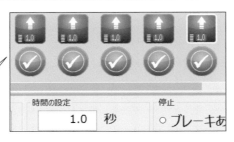

1回に1秒進む指示を5回行う

でもこれだと「メモリ大食い無芸大食」プログラムだから……。

工夫して、指示は1回で「設定」を5.0秒動くにしたら……。

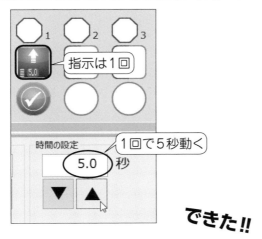

指示は1回

1回で5秒動く

できた!!

ピタッ

バッチリだよ♪
最初の答えもまちがいじゃない。でもこっちのほうがメモリの使用を節約できるね！

ロボットもスマホも「センサ」が大事！

「センサ」って何？

とりゃす！！

……と、こんな音でスタートってこれ、常識だな？ メチャ体験したいよな！ な！

ひっ！！！

なんなの一体……「センサ」の話、したいんでしょ？

　いまは、いろいろな道具や機械が自動化されていく時代です。当然、その場に応じて自動的に「反応する」ということも多くあります。

　「センサ」という「何かを感じて伝える部品」からのインプット（入力）により、「判定」するプログラミングをすれば、その場に応じて自動的に「反応する」ようにできます。

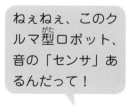

ねぇねぇ、このクルマ型ロボット、音の「センサ」あるんだって！

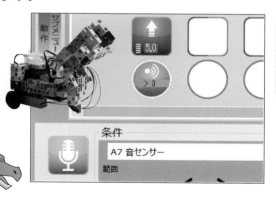

条件

🎤 A7 音センサー

範囲

スゴーイ！
ここの「条件」って「判定」のことよね、やってみよう！

音センサでロボットを動かしてみよう

「音センサ」を使えば、いくつかの段階で、反応する音量を設定し、その音量の条件により、指示を実行できます。

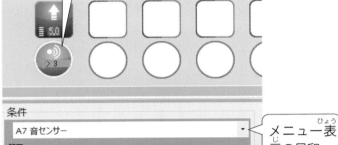

何かしたいとき、忘れず「したいところ」をクリック（タッチ）。一般に表示がいろいろとかわるため。

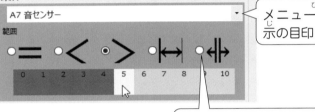

メニュー表示の目印

「ラジオボタン」。1つ選べる

では、音量が「＞5（5より大きい）」ときに動くプログラムを、実行してみましょう。

わくわく♪

ささやき声かさけび声かみたいに、どんな音の大きさでプログラムを動かすか、選べるのね。

いまは、「＞5（5より大きい）」に設定しているね。

「5」なら少し強い声だって。

じゃ、よーい……

ぱーんち!!!

(5.0より大きい
音を検出)
けんしゅつ

あ、
動いた……

ちょっと!! いまの「50」くらいの声でしょ! そのさけび声で音センサこわれちゃう!

「＞5（5より大きい）」だけだと、こんなに大きな音にも反応してしまいます。「少し大きい」音にだけ反応させるには……？
はんのう　　　　　　　　　　　　　　はんのう

　条件を変えてみましょう。
　じょうけん
　もし「＝5（5と同じ）」ならば、プログラム指示を実行。これでいいでしょうか？
　　　　　　　　　　　　　　　　　　　　　　　しじ

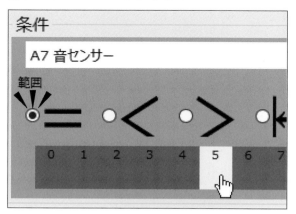

条件

A7 音センサー

範囲

＝ ＜ ＞

0　1　2　3　4　5　6　7

これも……アリだろうけど。ぴったり「5」の音量で反応って、条件がきびしいんじゃない？
　　　　はんのう　　　　じょうけん

かーもねっ！
とすると……。

複数の「条件」を「判定」する

　プログラムで使う命令の「もし」は、「判定」（条件）を、1つだけしか「調べられない」のでしょうか？

　いいえ、そんなことはありません。たとえばビジュアルプログラミング言語のScratchでは、「△かつ□」のようにして、複数の条件をつけることができます。

ビジュアルプログラミング言語

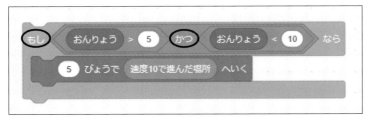

なるほど！　だとすれば……。

　おもに、判定の命令では「**かつ**」と「**または**」で複数、調べることができます。

　テキストプログラミング言語で示すと「かつ」は「And」、「または」は「Or」。

　AndやOrが1つ以上使われたソースコードは、多くあります。

ま、まぁ……、こんな雰囲気なのだそうだ。

テキストプログラミング言語

```
If Onryou>5 And Onryou<10  Then
   Shapes.Move(Robot,Speed,Second)
EndIf
```

ということで、もし、センサからの入力が、

5＜音量（5より大きい）
「かつ」
10＞音量（10より小さい）

なら指示を実行するという、
「条件を2つ」のプログラムにしてみましょう。

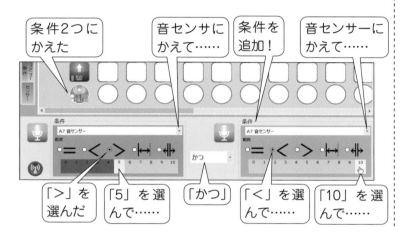

これでどう
かな？

だいぶコツがつ
かめてきたみた
いだね！

わ！

動いた♪

プログラムに指示を追加し、調整してみよう

「5＜声（音）の大きさ＜10」で、クルマ型ロボットはバッチリ動きました。では、「カッコよく」もとの場所へ帰るように、できるでしょうか。

ロボット版「おつかいプログラム」だよね〜。

が、くるりと回転させる指示です。
「Uターン」でクルマ型ロボットを帰してみましょう！

ではアイコンを追加して……プログラムの実行！

アイコンを
ドラッグ＆ドロップ

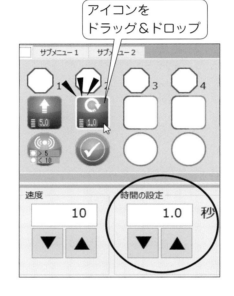

……しましたが、あれれ？
中途半端な回転でとまってしまいました。

な、なんで〜！

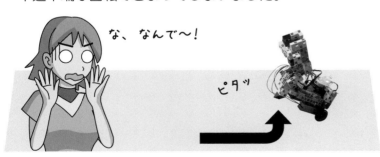

ピタッ

「Uターン」させるんだろう？　いまのプログラムでは回転する時間が1秒だぞ？　180度回転するのに何秒かかるか、「データを計測」したのか？

えっと7.5秒 かかったよ!

了解! すごく正確ね?

　もし使う数が0.1ちがっていたら、その指示を「100回ループ」すると10のズレ(誤差)となります。ずっとループする自動運転なら、誤差がどんどんたまり、コースを外れ大事故に! だから、正確さはとても重要です。

　では、設定時間を7.5秒の回転にかえて……。

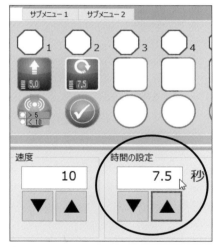

動作テスト スタート!

とまった!

ピタッ

進め!

ターン

やったね!

エラーはコツコツと修正する

　プログラミングし、ふつうにプログラムを実行できたり、何かを動かしたりするソフト（アプリ）の完成――。
　スゴくたいへんなことです。いろいろ考えて条件をかえ、動作がおかしいなら直して何回もためします。「先まで見すえる力」と「忍耐力」が必要です。先まで見すえられず、うっかりミスで起こるエラーは「ヒューマンエラー」といいます。

　上達のコツは、まずプログラムのゴール（目標）を、頭でシミュレーション（動作予測）すること。そのあと、プログラミングしていきます。

　では、先ほどつくったプログラムに、最後に音が鳴る動作を追加してみましょう。

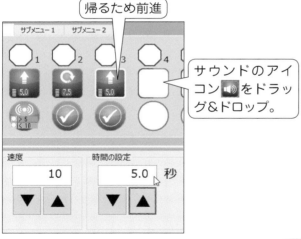

帰るため前進

サウンドのアイコン🔊をドラッグ＆ドロップ。

結果は……？

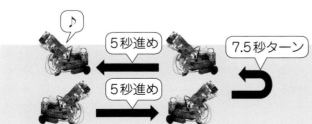

♪

5秒進め

5秒進め

7.5秒ターン

「先のこと」は何も考えていなかったな……。

ヒューマンエラー、すなわち「人的ミス」だ。

「ただいま」のかわりだね！

おつかい成功！

おつかいプログラム、成功しました！　さっそく、このプログラムを改造してみましょう。

絵が楽しそうだから、コレを使ってみようかな。

♫をドラッグ＆ドロップすると……。

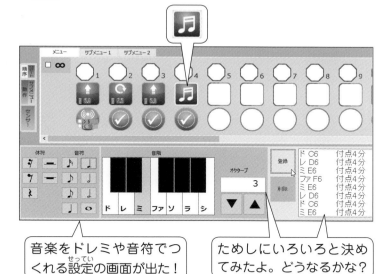

音楽をドレミや音符でつくれる設定の画面が出た！

ためしにいろいろと決めてみたよ。どうなるかな？

できたら再び、動作テスト！

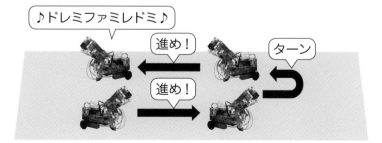

♪ドレミファミレドミ♪

進め！

進め！

ターン

よぉーっし！
プログラミングってなんだか楽しくて理解でき——

教育指導ぱーんち！！！

理解だと？
まだ序の口だ！

カンタンなアイコン操作の裏には複雑なプログラムが！

アイコンをドラッグ＆ドロップしてプログラムをつくるのはカンタン！　でもその裏には、必ず「コンパイラ」がいて、複雑なソースコードを機械にわかるように変換しています。

コンパイラがないと、アイコンでプログラムを組んでも、機械は動かないんだね。

まず絵での指示を文字のソースコードへ

コンパイラ

次にソースコードを機械の言葉、そして信号へ

コンパイラ

電気信号

コンパイラについては16～17ページも見てね。

```
#include <Arduino.h>
#include <Servo.h>
#include <Wire.h>
#include <MMA8653.h>
#include "Studuino_v1.h"
// マクロ定義
// アイコンで設定した移動速度を任意の値(PWM)に変換する
#define DCMPWR(n)   (map(n, 1, 10, 80, 255))
// アイコンで設定したセンサー入力値を任意の値に変換する
#define CONVERT_SENSORVALUE(n)   ((int)((float)(n)*100.0))
// アイコンで設定したセンサー入力値を任意の値に変換する(加速度センサ)
#define CONVERT_ACCSENS(n)   ((int)(((float)(n)*25.5-128))
#define STATUS_ON    (0)
#define STATUS_OFF   (1)
// グローバル変数
Studuino board;         //Studuino オブジェクトの作成
// プロトタイプ宣言
void menu(void);
void submenu1(void);
void submenu2(void);
void setup(void) {
    board.InitDCMotorPort(PORT_M1);  // DC モータの設定
    board.InitDCMotorPort(PORT_M2);  // DC モータの設定
    board.InitServomotorPort(PORT_D9);  // サーボモータの設定
    board.InitServomotorPort(PORT_D10);  // サーボモータの設定
    board.InitServomotorPort(PORT_D11);  // サーボモータの設定
    board.InitSensorPort(PORT_A0, PIDPUSHSWITCH);
    board.InitSensorPort(PORT_A1, PIDPUSHSWITCH);
    board.InitSensorPort(PORT_A2, PIDPUSHSWITCH);
    board.InitSensorPort(PORT_A3, PIDPUSHSWITCH);
    board.InitSensorPort(PORT_A4, PIDLED);  // LED 設定場所
    board.InitSensorPort(PORT_A5, PIDBUZZER);  // ブザー設定場所
    board.InitSensorPort(PORT_A6, PIDLIGHTSENSOR);  // センサ入力の設定
    board.InitSensorPort(PORT_A7, PIDSOUNDSENSOR);  // センサ入力の設定
    // メニュー処理を実行
    menu();
}

void loop(void) {
}
// メニュー処理
void menu(void) {
    word pitches[8];
    float beon[8];
    // No.1
    {
        int sv1 = board.GetSoundSensorValue(PORT_A7);
        int sv2 = board.GetSoundSensorValue(PORT_A7);
        if((sv1 > CONVERT_SENSORVALUE(5)) && (sv2 < CONVERT_SENSORVALUE(10)) ) {
            board.Move(FORWARD, DCMPWR(10), 5000, COAST);
        }
    }
    // No.2
    {
        board.Move(CLOCKWISE, DCMPWR(10), 7500, COAST);
    }
    // No.3
    {
        board.Move(FORWARD, DCMPWR(10), 5000, COAST);
    }
    // No.4
    {
        pitches[0] = ECR_C6;     pitches[1] = ECR_D6;
        pitches[2] = ECR_E6;     pitches[3] = ECR_F6;
        pitches[4] = ECR_E6;     pitches[5] = ECR_D6;
        pitches[6] = ECR_C6;     pitches[7] = ECR_E6;
        beon[0] = 1.5;     beon[1] = 1.5;
        beon[2] = 1.5;     beon[3] = 1.5;
        beon[4] = 1.5;     beon[5] = 1.5;
        beon[6] = 1.5;     beon[7] = 1.5;
        board.Melody(PORT_A5, pitches, beon, 8, TEMPO9);
```

コンパイラのおかげで何度も気軽にためせて、プログラミングの感覚と、できることがわかってくるよね。学びって、奥が深い！

アイコン（絵文字）などを見れば、直感的に機械のいろいろな操作ができます。こんなしくみのことを、GUIといいます。

GUIが普及して、機械の操作がカンタンになりました。

ウィンドウズが本格的な「GUI」を備えて現れ、パソコンからスマートフォンまで一気に普及したのです。

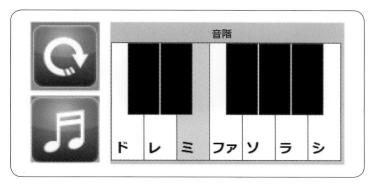

その前はアイコンなどはなくて、コマンドプロンプト画面、こと「DOS」で、文字を使った操作でした。

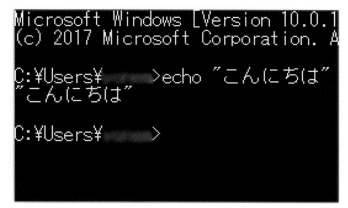

GUIはgraphical user interfaceの略だよ。

本格的な独自ソフト（アプリ）づくりをしないなら、アイコンでいろいろ操作できるだけでかまわないが……。コンパイラがいることは、忘れないでくれ。

これは大変だね！

ソースコードを分析して<ruby>レベルアップ<rt></rt></ruby>！

あなたのプログラムの「タイプ」は？

質問 あなたはどちらのタイプ？

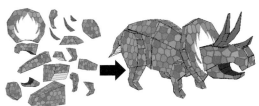

ひな型や素材（絵やアイコンの指示）を活用。効率がよく手軽。

材料と道具（文字）で作品制作。手間暇と費用（コスト）高

タイプがちがうと、たとえ同じロボットのプログラミングでも、こんなにちがいが出ます。

さかだち……？
どうやって……？

さかだち、了解！

ロボットは、ひととおり無難に動かせる。

しかし「例外的」な動きや仕事、想定外の条件には弱い。

（苦労しても）ロボットは「物理的に可能」な動きをさせられる。

想定外の仕事や条件に対応させられる。

プログラミング、向いていないかも、と思う人もいるかもしれませんが、安心してください。外国語を学んでも全員がペラペラになるわけではありません。

「プログラミング」も同じです。マウスを持つところからスタートして、ちがうゴールへ進む人もたくさんいます。

でもプログラミングのことを何も知らないと、結局下のようなプログラムを見ても何が起こっているのかわからず、「プログラミングって何なの？」となってしまいます。

ただ、プログラマになるのなら例外的なことに対応できないと、ちょっと大変です。

例外とは、実行中のエラーなどで、例えれば、急なわりこみ指示（しじ）が発生するようなこと。例外に対処（たいしょ）する「関数（別の流れ）（うつ）」へ移るようなことです。

「例外処理（しょり）」の指示（しじ）はあらかじめ想定し、プログラムに書いておくこともあります。エラーでプログラムがストップしないようにするためです。

プログラミングとその考え方は、教養のひとつとして、身につける時代になった。あらかた体験してから「タイプ」を決めればいい。

うん、基本（き ほん）はこれまでのところでちゃんと学べてるかな！

I/O デバイスエラーが出ても冷静に！

あっ、パソコンの画面にエラー表示が出ています。

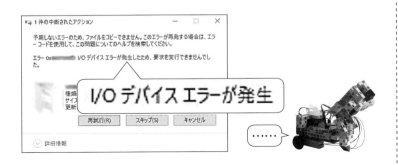

「I/O」はInput（入力）と
Output（出力）を意味する
略語（総称）です。

オーディオ機器

一般に、電力関連から
データ類のやりとりをする
端子まで、ＵＳＢ端子もふ
くめ「I/O」端子（日本語
では「入出力端子」）とよびます。

**デバイスはおもに、データを入出力する機械たちのこ
と**です。ソフト類の機能を示すときもあります。

みんな
デバイス！

プログラミングは、「デバイス」をコントロール（操
作や制御）するために使われて、進化していき、いまに
いたっています。

ソースコードを読む（インプット）、書いてみる（アウ
トプット）ことは、プログラミング上達の必須スキルで
す。

あ、見たことある「I/O」
の文字だ。きっと何かやり
とりを失敗したーって
意味ね。

だけど「デバイス」って
何だろう。やりとりした
かったロボットのことか
な？

冷静な予想だね。そうだ
よ。**プログラミングも機
械類の操作も、何かが起
きたとき「パニック」に
なるのは一番ダメ。**問題
点を冷静に考えていく。
これ、機械類をあつかう
コツだよ～。

さぁ、読む体験を始め
よう！

(1) インプットはまず基本から

　ことわざの「百聞は一見にしかず」、これ、事実です。

　よくわからないプログラムは、ソースコードを「見て分析」します。これは「リバースエンジニアリング（技術の解析）」といって、スキルアップに欠かせません。

　※ソースコードを見るのが禁止、もしくは条件つきの場合があります。それらの無断解析は犯罪ですので、注意してください。

**　ネットなどで公開されているプログラムは「オープンソース」とよびます。**

　基本は無料で、自由にあつかえますが、そのプログラムを転売したり、使ったときに「バグ」「事故」が起きたりしても、自己責任となります。

　ちなみにこれは、Scratchのオープンソースの一部。

```
/*※
 *Scratch Project Editor and Player
 *Copyright (C) Massachusetts Institute of Technology
 */
protected function updateImage():void {
    var currChild:DisplayObject = (img.numChildren == 1 ? img.getChildAt(0) : null);
    var currDispObj:DisplayObject = currentCostume().displayObj();
    var change:Boolean = (currChild != currDispObj);
    if(change){
        while (              oveChildAt(0);
        img.add
    }
             hedBitmap();
    adjustForRotationCenter();
    updateRenderD   ils();
}
```

if(もし)
ループ用のWhile?
BMP?(ビットマップ)

　Scratchは、じつはお手軽にプログラミングするためのソフト（アプリ）だったのです。別の実践用の本格的な言語でつくられ、動いているのです！

オープンソース、みんな見てくれ!!

どこ使っても改造もいいぞ。

ミスがあっても（制作者へ）暴言はカンベンな。

そ、そんなぁ！「Scratch」がプログラミング言語なのに、それが別のプログラミング言語でつくられているの!?　しかもこのソースコード、ほとんど読めない……。

(2) インプットは経験値稼ぎ

さあ、集中して「リバースエンジニアリング」を続け
ましょう。このプログラムを見て、どんな動作をするか
予測を！

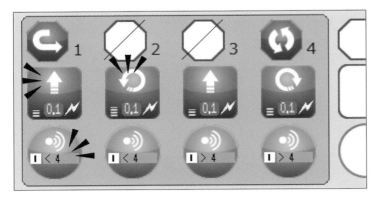

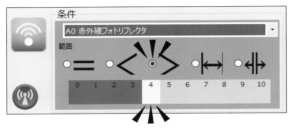

はセンサを使い前進ですね。

は何かが「＜4」なら左回転で向きを変更、で
しょうか。

4工程目には逆向きの設定もあります。つまり前
進しつつ、センサの値が「＞4」なら右回転？

つまり、センサの値が「＜4（4より小さい）」のとき
①前進　②左回転
センサの値が「＞4（より大きい）」のとき
③前進　④右回転
という動作のようです。

そして最後に、あとまわしにした部分。

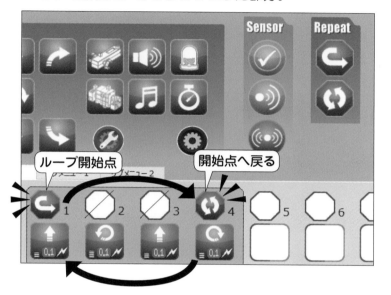

これ  「Repeat」はきっと、ループの指示ですね。ということは……？

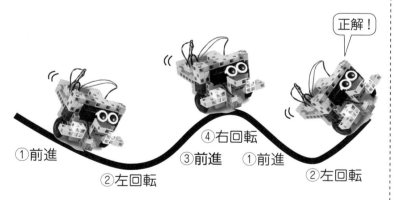

あとちょっとだよ！

こういうことね！

(3) プログラムの基本の型

これは地面の白色が
「＜4」や「＞4」と検
出したら方向を変える、
黒色のコースをたどるロ
ボットでした！

また、プログラム
から動きを予測し
てみよう。

さぁ、次はプログラムの基本の型です。

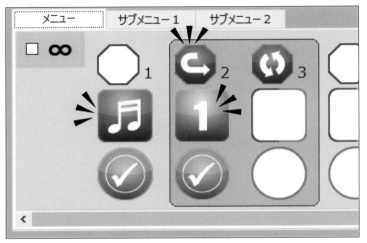

1工程目、♩だから、まず音楽が鳴りますね。
次の2工程目は１のループ◖のようです。
そして１は……

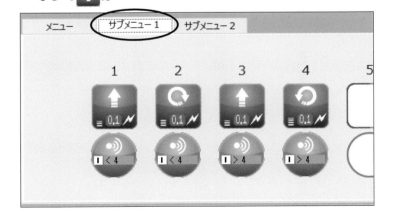

これ！　サブメニュー1のことです。

サブメニューをクリック
すると、さっき解読した
プログラムと同じだ！
……なら、「1」の意味
は……？

100ページ
のプログラ
ムだね

そう、「関数化」！　メインの流れからいったん別の流れに行って、帰ってきています！

関数化については62ページで体験したね！

関数 ⬆ （別の流れ）

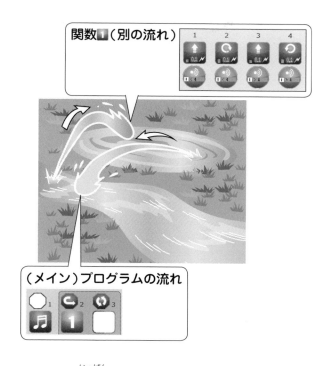

（メイン）プログラムの流れ

このプログラムの関数は単独(たんどく)で仕事をこなすから、大胆(だいたん)にいえば「クラス」ともよべそうだなぁ。

クラスについてはのちほどの144ページ♪

プログラムの一般的(いっぱん)な全体図は、こんな感じです。
ただこれは「基本(きほん)の型(かた)」。どんどん流れを追加したりかえたりして、プログラムを完成させます。

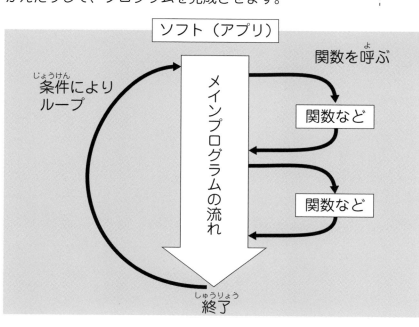

ソフト（アプリ）

関数を呼(よ)ぶ

条件(じょうけん)により
ループ

メインプログラムの流れ

関数など

関数など

終了(しゅうりょう)

(4) インプットで「開眼」猛特訓1

　基本を見たあとは、「ガチ」なものを見てみましょう。このおそろしそうな雰囲気を味わって下さい。アイコンは、こんなテキストの指示をわかりやすく表していたのです！

さっき見切った白黒センサのついたロボット。あれを動かしていたプログラムの「テキストプログラミング言語版」だよ！

```
#include <Arduino.h>
#include <Servo.h>
#include <Wire.h>
#include <MMA8653.h>
#include "Studuino_v1.h"
// マクロ定義 ------------------------
// アイコンで設定した移動速度を基板の値(PWM)に変換する
#define DCMPWR(n)  (map(n, 1, 10, 80, 255))
// アイコンで設定したセンサー入力値を基板の値に変換する
#define CONVERT_SENSORVALUE(n)  ((int)((float)
  (n)*100.0))
#define CONVERT_ACCSENS (n)
  ((int)((float)(n)*25.5-128))
#define STATUS_ON  (0)
#define STATUS_OFF (1)
// グローバル変数 ------------------
Studuino board;  // オブジェクト
  の作成
```

#include(インクルド)
いろいろな定義「○.h」(ヘッダファイル)を使うため読ませる準備指示。

「//」を書くとそのあとにコメントを入れてもOK。

**#define(デファイン)ON
(0)** は、コンパイルすれば
ONが(0)に置きかわる！

使うプログラミング言語で、ソースコードの書き方はちがう。**暗記は不要。**ここでは見て感じ、じつは単純かも……と思えればいい。

指示や変数名は、大文字、小文字の区別をする言語もあるから要注意だよ！

ウェブサイトのアドレスは、たいてい大文字と小文字はかわるけどね……

こちらは「最初の準備部分」のソースコード。

「最初の準備部分」だけでこれ!? 準備だけで疲れちゃう。

```
// プロトタイプ宣言 -------------------------
void menu(void);
void submenu1(void);
void submenu2(void);

void setup(void) {
  board.InitDCMotorPort(PORT_M1);// DCモータの設定
  board.InitDCMotorPort(PORT_M2);// DCモータの設定
  board.InitServomotorPort(PORT_D9);// サーボモータの設定
  board.InitServomotorPort(PORT_D10);// サーボモータの設定
  board.InitServomotorPort(PORT_D11);// サーボモータの設定
  board.InitServomotorPort(PORT_D12);// サーボモータの設定
  board.InitSensorPort(PORT_A0, PIDIRPHOTOREFLECTOR);
    //センサ入力設定
  board.InitSensorPort(PORT_A1, PIDBUZZER);// ブザー設定処理
  board.InitSensorPort(PORT_A7, PIDSOUNDSENSOR);
    //センサ入力設定

  menu(); // メニュー処理を実行
}
```

すぐメニュー「menu( )」の流れを実行。

「大文字の文字列」は「定数（ていすう）」。値を固定した変数のようなものだよ。

setupで部品をいろいろ設定。裏方作業だよ。

なぜ定数を文字で書くかというと、数だけ書くよりなんのことかわかりやすいからだよ。

ま、プログラムのソースコードの書き方は、プログラマそれぞれだがな。

ソースコードを「ソース」と略すようなものね。

(5) インプットで「開眼」猛特訓2

そして最後に、102 ～ 103ページで体験したプログラムのソースコードです。

ひとつの変数名で、指定数だけ値をあつかう「配列(はいれつ)変数」だ! ここはpitches、beatsの名で、変数と同じく値を[8]つあつかえる。名前に番号をつけるだけ。

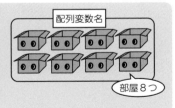

配列変数名

部屋8つ

これだね!

メインプログラム(menu) 🎵 の流れ

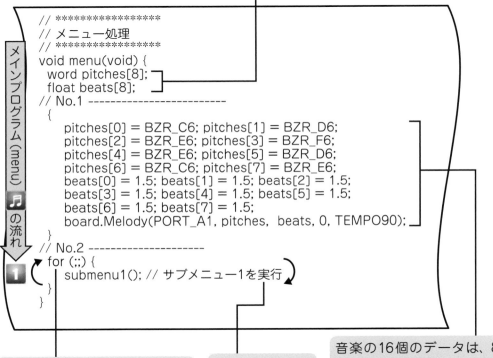

```
// *****************
// メニュー処理
// *****************
void menu(void) {
  word pitches[8];
  float beats[8];
// No.1 ------------------------
  {
    pitches[0] = BZR_C6; pitches[1] = BZR_D6;
    pitches[2] = BZR_E6; pitches[3] = BZR_F6;
    pitches[4] = BZR_E6; pitches[5] = BZR_D6;
    pitches[6] = BZR_C6; pitches[7] = BZR_E6;
    beats[0] = 1.5; beats[1] = 1.5; beats[2] = 1.5;
    beats[3] = 1.5; beats[4] = 1.5; beats[5] = 1.5;
    beats[6] = 1.5; beats[7] = 1.5;
    board.Melody(PORT_A1, pitches,  beats, 0, TEMPO90);
  }
// No.2 ----------------------
  for (;;) {
    submenu1(); // サブメニュー1を実行
  }
}
```

「for」は、変数をある値から1ずつ自動的に増やし、決めた値になるまでループする命令。ここでは;(セミコロン)で略して無限回のループになっているよ!

プログラムの「流れ」は関数へ移動!

音楽の16個のデータは、8つの部屋で2つの配列変数に代入。変数を16個もつくる必要がないんだ。あつかいやすいね!

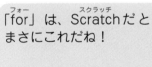

「for」は、Scratchだとまさにこれだね!

次は関数部分。いろいろなプログラミング言語で使われる「共通の単語」の雰囲気を見ておけばOKです。たとえば、if（条件）{ }。

このソースコードだ！

もしの「if」、条件は( )でくくり、次は{ }の間に指示を書くよ。

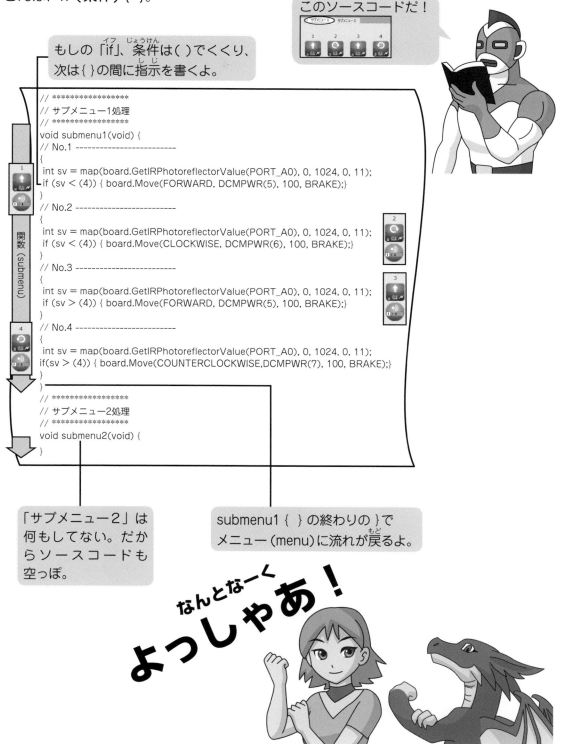

関数 (submenu)

```
// *****************
// サブメニュー1処理
// *****************
void submenu1(void) {
// No.1 ------------------------
{
 int sv = map(board.GetIRPhotoreflectorValue(PORT_A0), 0, 1024, 0, 11);
 if (sv < (4)) { board.Move(FORWARD, DCMPWR(5), 100, BRAKE);}
}
// No.2 ------------------------
{
 int sv = map(board.GetIRPhotoreflectorValue(PORT_A0), 0, 1024, 0, 11);
 if (sv < (4)) { board.Move(CLOCKWISE, DCMPWR(6), 100, BRAKE);}
}
// No.3 ------------------------
{
 int sv = map(board.GetIRPhotoreflectorValue(PORT_A0), 0, 1024, 0, 11);
 if (sv > (4)) { board.Move(FORWARD, DCMPWR(5), 100, BRAKE);}
}
// No.4 ------------------------
{
 int sv = map(board.GetIRPhotoreflectorValue(PORT_A0), 0, 1024, 0, 11);
 if(sv > (4)) { board.Move(COUNTERCLOCKWISE,DCMPWR(7), 100, BRAKE);}
}
}
// *****************
// サブメニュー2処理
// *****************
void submenu2(void) {
}
```

「サブメニュー2」は何もしてない。だからソースコードも空っぽ。

submenu1 { } の終わりの }でメニュー(menu)に流れが戻るよ。

なんとなーく
よっしゃあ！

ぼんやりいろんなプログラムの雰囲気がわかってきた！　だけど……まだプログラムの「スタート」地点と「ゴール」の関係があいまいで……。

うんうん♪

すまない、わたしはここまでだ！　このわたし、「知識の味方」も次の営業予定は破れんのだ！
だが！　まじめロボット「プロ68号」に引き継ぎを終えたぞ。さあ68、たのめるか？

おまかせを！

Yes!　次の時間はわたくしが先生となりましょう。

めざせ！ キレイで 速いプログラム

機械やソフト（アプリ）とプログラミングはセット。
よりよいプログラムをつくれるよう、あれこれ見ていきます。

プログラミングっていうと「ゲームつくるんでしょ？」と思うかな？　でもそれだけじゃないんだよ。宇宙探査機やロボット、機械の自動運転や人工知能もプログラミングのたまもの。炊飯器や洗濯機も、つくられたプログラムにしたがって動いているんだ！

いろいろな言語でプログラミングされた
機械やソフト（アプリ）が活躍中！

色のちがいと形を調べ細菌の数
をカウントするソフトウェア

おお〜

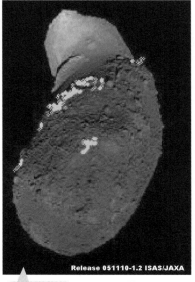

Release 051110-1.2 ISAS/JAXA

画像 © JAXA

特徴を
見やすく

OSとソフト（アプリ）の連係 プレイを見てみよう！

準備したら寝て待つ「イベントドブリン」

【Scratch】ピンボールのソースコード

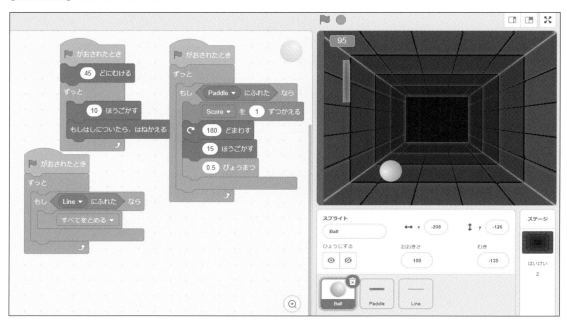

指示アイコンでのプログラミングだけど、ソースコードは、これだけなんだね！

シンプルにする「アルゴリズム」でかなりなやむんだよ……。

できれば今後、行うかもしれないプログラムの改良や修正・調整など、「メンテナンス」を考えて、ソースコードは見やすくキレイにつくります。

そういえば68号だけど。ずっととまってるよ。どうしてだろう？

シーン……

68号は、搭載（とうさい）プログラムが「イベントドブリン」なんだと思う。

「イベントドブリン」は、準備（じゅんび）などの自動的なタスクをしたら、何か（イベント）が起こるまで寝（ね）てしまい、つまり**動かず待っている方式**のことです。

じゃ、話しかけてみよう。

ぱーんち!!!

そ、それはミラクルロボXの……

はい、プログラミング系先端技術講談（せんたん ぎ じゅつこうだん）を始めましょう。

くるりっ！

センサにイベント発生

わっ、ほんとに動いた！

あなたは体験した機械とソフトウェアの関係を、左下の図のように考えていますね？

ううん、OSもあるから、右下みたいな感じかと思ってた。OSをスタートさせると、ソフトが動くの。

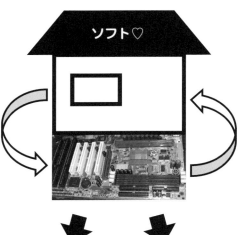

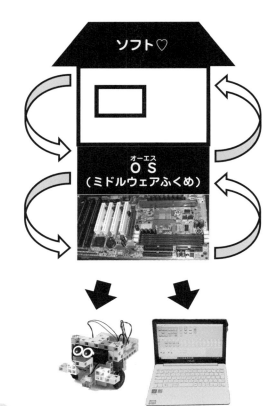

ふーむ、それだと正解とはいえませんね。

「イベントドブリン」方式のソフト（アプリ）のソースコードに、「1つのはっきりしたスタートからゴール地点への流れ」はありません（くわしくは114ページ）。あえていうなら、下準備をする部分が「スタート」。この準備とは、「受付」をつくることです。

「メッセージ」でソフトを目覚めさせる

「コレ」について、どの程度ご存知でしょう？ 0から100の数値でお聞かせください。

Scratchの画面ね。でも「メッセージ？」「おくる？」わからない。0です……。

これならどう？

これはプログラミングのとき、使ったことがあるよ！ OSへ向けてのメッセージだよね。

　これは  がクリックされると、ソフトがOSへ「Dragon」という呼び出しのメッセージを送る意味です。

次のページでしくみを見てみよう♪

OS（オーエス）はソフト（アプリ）の識別（しきべつ）に「クラス名」を使い、「メッセージ」を送り、ソフトを目覚めさせます。

機械のメモリ内で待機中のプログラムたち

OSから
メッセージがあると……

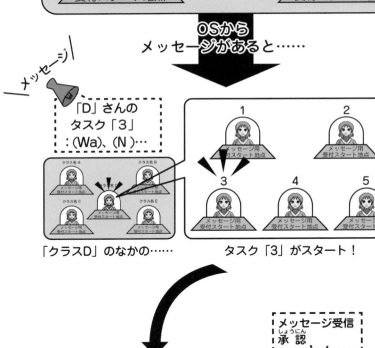

「D」さんの
タスク「3」
：(Wa)、(N)…

「クラスD」のなかの……

タスク「3」がスタート！

メッセージ受信
承認（しょうにん）

タスク3を実行し
メモリ開放（かいほう）

プログラムクラス「D」
タスク「3」

OS
（ミドルウェア含め）

クラス名「D」のなかにもメッセージの受付になるところがあるね。タスク1、2、3……ってなっているんだ。さらに細かいメッセージに応じたスタート地点（おう）がいくつもあるんだ！

OS（オーエス）がメッセージを送り、待ってたクラス名「D」が応答（おうとう）したね！そんな**クラス名「D」というプログラム自体**が、さらにいくつも受付をつくるんだ。

(Wa)、(N)……はクラス名「D」のタスク「3」へ送るデータ。文字、数値（すう）（ち）や「クリックされた」などの情報（じょうほう）をいっしょに知らせるんだ。

バックグラウンドで動くプログラム

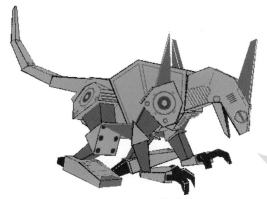

ワン！

あのー、クラス「D」タスク「3」はこんなはずかしいプログラムだったのですか？

このようにウィンドウが画面に表示されているとします。そして下が、OS（オーエス）が管理しているタスクやらソフトやらの一覧（いちらん）です。

OS（オーエス）が何をしているか。そのひみつだよ！

Title	Handle	Class
Program Manager	00020580	Progman
SHIRYU Professional	000A0E68	ThunderRT6Fo...
WinLi	0006069C	WinListerMain
WinLi	000909CC	Chrome_Widg...
winlis	00040896	CabinetWClass
2時間目_CGプログラムのetc....	003C0D56	OpusApp
3時間目_ロボットとプログラミ...	00910CC0	OpusApp
4時間目_なければ作れるプロ...	009D1290	OpusApp
ツール オプション - 選択	000104C0	#32770
イラスト	00040A04	CabinetWClass
イラストIT	00460784	CabinetWClass
イラスト4	00570BDC	CabinetWClass
Studuinoアイコンプログラミング...	00290A32	WindowsForm...
受信トレイ - 個ノ	00090358	rctrl_renwnd32

これが68号を犬のようにしたプログラム？

フォルダやウィンドウすべてに識別用（しきべつ）のクラス名（Class）と、数値（すうち）のハンドル（Handle）がつくよ。

ソフトとか表示（ひょうじ）されているウィンドウは3つなのに、管理はこんなにたくさんしてるの？

たくさんの項目（こうもく）はBGM（ビージーエム）のようなものです。**裏方（うらかた）となるプログラムは「バックグラウンド」とよび、画面では見えずジャマせず動きます。**それらもOS（オーエス）は管理しています。

作業していると、こんなエラーが出てくることも！

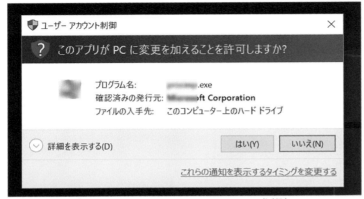

これは、0でのわり算は禁止_{きんし}なのに、そのような指示_{しじ}があったため、エラーが出たのです。

OS_{オーエス}はバックグラウンドでいろいろタスクを動かしているので、このようなエラー表示_{ひょうじ}も出せます。

では、この表示_{ひょうじ}はどうでしょう？

これは、OS_{オーエス}からの問いです。画面へ確認_{かくにん}を出してきています。こういうものを出すのもバックグラウンドで動くタスクの仕事なのです。

また、日本語では常駐_{じょうちゅう}の意味もあるバックグラウンドのセキュリティータスクは、こんな画面も出せます。無難_{ぶなん}に、画面の指示_{しじ}にしたがいましょう。

ほかの作業中でも、いきなり出てくるね！

こういう小さなウィンドウは「ダイアログ」というよ。

パソコン画面右下のココで、バックグラウンドになっているものが少し見られるよ。

ええ、これって……あやしいウェブサイト見ようとした？

バックグラウンド動作が多すぎてフリーズ!?

　画面に出ているソフト（アプリ）は1つでも、その裏には「**プロセス**」という「動作中の裏方さん」がたくさんあり、ソフトを支えています。

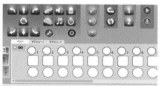

ソフトは1つだけど……

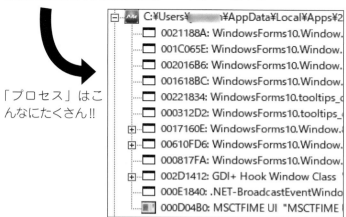

「プロセス」はこんなにたくさん!!

　「**プロセス**」とはバックグラウンドで**動作中のタスク**のこと。たくさんのタスクが動きすぎてCPU（機械の心臓部分）をめいっぱい使用すると、操作しづらくなります。もしソフトが「応答なし」となって動かなくなってしまうと、最悪です。

CPUがめいっぱい使われていると……

ソフトが動かなくなる!?

見えないところでこんなにたくさん動いているんだ！

似た単語が多くてややこしいね……。

ガンバロウ！

ソフト（アプリ）がぜんぜん動かせない！　こんな状況を、「固まった」「フリーズした」といいます。

スマートフォンやタブレットならば、一般に、アプリのアイコンを長くタッチしつづけてメニューを出します。メニューの「アプリの情報」をタッチし、「強制 終了」をタッチすればソフトを終了できます。

パソコンなど「GUI」な画面で動く機械ならば、ウィンドウを閉じるボタン⊠を何度かクリックして、待ってみます。

何度も
クリック
（タッチ）

それでも反応しないときは、スタートのボタンを右クリックして「タスクマネージャー」を出し、終了させます。

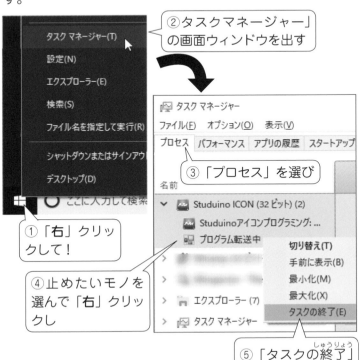

②タスクマネージャー」
の画面ウィンドウを出す

③「プロセス」を選び

①「右」クリックして！

④止めたいモノを選んで「右」クリックし

⑤「タスクの終了」をクリックする

スマートフォンやタブレットとパソコンで、フリーズしたときの解決方法はちがうよ！

「右」ボタンのクリック２か所と、終わらせたいものをさがすのね。

いきなり電源切るのはダメだよ。35ページも見てね！

スクリプトをつくってみよう

おや、プロ68号を動かしていたパソコンとプロ68号の接続が切れてしまったようです。

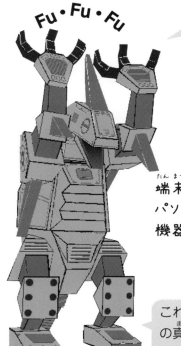

Fu・Fu・Fu

端末とは、
パソコンなどの
機器のこと

わたくしは端末との接続を強制 終 了させました。そして、大もとのプログラムをフリーズさせました。「応答なし」となっているでしょう。

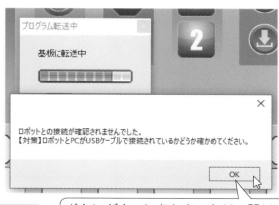

これでさっきみたいに犬の真似をさせることはできなくなりました！

ボタンが1つしかなかったり、閉じる
図しかなかったりするときは、どちらかをクリック（タッチ）するしかありません。

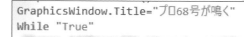

```
GraphicsWindow.Title="プロ68号が鳴く"
While "True"

EndWhile
```

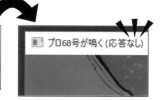

何これ？　これじゃただの性悪ロボットよ！

落ち着いて……！　何か対抗できる「アルゴリズム」、思いうかぶ？

もう一度、パソコンと「プロ68号」を接続できれば、再びプロ68号をコントロールし、暴走しないようにできるかもしれません。

そうするにはまず、プロ68号のIPアドレスを「スクリプト」とよばれる小さなプログラムで、漏えい（表示）させてみましょう。

```
<html>
<script>
function IP(json) {
 document.write("IP:"+json.ip+"<br>"
+document.
location);
}
</script>
<script src="http://api.ipify.org?format=jsonp&
callback=IP">
</script>
</html>
```

上は、ｈｔｍｌとJavaScript言語のIPアドレス公開スクリプトです。

これを使って、情報を得られるかもしれません。

スクリプトの入力はOS付属の「メモ帳」（テキストエディタ）でやってみましょう。実行は「付属ブラウザ」。どちらも費用0円でいろいろできます。

絵の「ペイント」と同じメニューに「メモ帳」はあります。

入力したスクリプトを保存するとき、「ファイルの種類」は、「すべてのファイル」にかえてから保存します。
ファイル名は「Miru」にしてみましょう。末尾は「.html」として下さい。

あたし、ためしにスクリプトを送ってみせる！　そのソースコード、短いの？

短いよ！こんな感じ！

工夫次第であれこれつくれるものね♪　あたしも使えるものは使おうっと。

IPアドレスとドメイン名

Miru.html

ファイルはダブルクリックなどで実行可能です。

実行すると、インターネット閲覧用の「ブラウザ」に、あなたのパソコンを示すIPアドレスを表示させられます。

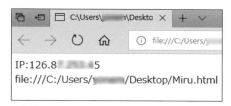

IP:126.8▓▓▓▓5
file:///C:/Users/▓▓▓▓/Desktop/Miru.html

※実際にためせます。

スクリプトのQRコードは、ここでつくります。
https://m.qrqrq.com/
（QRコード無料作成サイト）
「テキスト」のタブを開き、ファイルの文字全部をコピーして貼り付けると、すぐにQRコードができます！

Miru.html

QRコード

QRコードは、認識させれば元の文字情報（ここではスクリプト）にかわります。

あ、おもしろい！
このQRコードをボクもスマートフォンとかで認識させてみよっと。

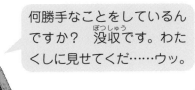

何勝手なことをしているんですか？　没収です。わたくしに見せてくだ……ウッ。

あらら、自分で見て勝手に自爆したの？

先ほどのスクリプトが実行されてしまい……

……IP:126.8▉▉▉▉5
file:///A:/Users/Pro68/Download/Miru.html

漏えい

……IPの数値がお相手の受付場所を示すよ。アクセスして再接続だ！

ＩＰアドレスはまさしく機器の場所や接点（本来はサイトの所在位置など）を示すもの。……ですが、これを使ってサイトへアクセスするのは面倒です。

ＩＰは
153.126.155.128

そのサイトは
sakurasha.com

DNS

　一般に、ウェブサイトを示す文字列も、機械があつかえる数値へ変換されています。そのため名前の確保とＩＰアドレスの登録で「ドメイン名」が使用可能になります（https://（ドメイン名）.jpなど）。
　ネット世界のDNS（ドメインネームサーバ）が自動でサイトへ導きます。DNSは、インターネットの逆コンパイラ。IPアドレスをサイト名に訳します。
　現在は、多く登録可能な長い文字列のIPV6へ移行中。

OSとソフトのプログラムのやりとり

ドメイン名の英数字は決められた数値へかえて区切り、0と1の「2進数」へ変換しています。それを最後に□■□□■のように、機械が使っている信号にしたもの。それがQRコード（3次元バーコード）の正体です。

QRコードを写せば、信号が数値に変換され、ウェブサイトのアドレスや「英数字（プログラム）」類の表示や実行までできます。

やった、接続できた！またあのプログラムも実行できる！

ワワン！

うっ！　接続されてまたこのプログラムが実行されてしまった……！

プロ68号はパソコンに再接続し「キュー」（メッセージをためる場）からメッセージを受けて、これが実行されました。

123

では、OS(ウィンドウズ)で、マウスを使い、ソフト（アプリ）が終わる、つまり閉じるときのOSとソフトが行う本物のやりとりを見てみましょう。

プログラムにしたがう機械の「基本的な動作原理」となる**ひみつ**です。

どんな動きをしたのか
単語で予想しよう！

「S」はOSが「**送る（Send）**」、
「R」はプログラムが「**受け取る（Receive）**、
「P」はSと似た意味で「**送る（Post）**」

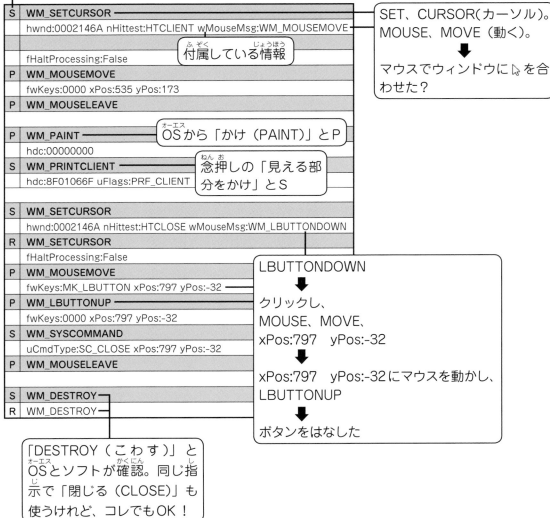

S	WM_SETCURSOR
	hwnd:0002146A nHittest:HTCLIENT wMouseMsg:WM_MOUSEMOVE
	fHaltProcessing:False
P	WM_MOUSEMOVE
	fwKeys:0000 xPos:535 yPos:173
P	WM_MOUSELEAVE
P	WM_PAINT
	hdc:00000000
S	WM_PRINTCLIENT
	hdc:8F01066F uFlags:PRF_CLIENT
S	WM_SETCURSOR
	hwnd:0002146A nHittest:HTCLOSE wMouseMsg:WM_LBUTTONDOWN
R	WM_SETCURSOR
	fHaltProcessing:False
P	WM_MOUSEMOVE
	fwKeys:MK_LBUTTON xPos:797 yPos:-32
P	WM_LBUTTONUP
	fwKeys:0000 xPos:797 yPos:-32
S	WM_SYSCOMMAND
	uCmdType:SC_CLOSE xPos:797 yPos:-32
P	WM_MOUSELEAVE
S	WM_DESTROY
R	WM_DESTROY

付属している情報

SET、CURSOR(カーソル)。
MOUSE、MOVE（動く）。
↓
マウスでウィンドウに🔺を合わせた？

OSから「かけ（PAINT）」とP

念押しの「見える部分をかけ」とS

LBUTTONDOWN
↓
クリックし、
MOUSE、MOVE、
xPos:797　yPos:-32
↓
xPos:797　yPos:-32 にマウスを動かし、
LBUTTONUP
↓
ボタンをはなした

「DESTROY（こわす）」とOSとソフトが確認。同じ指示で「閉じる（CLOSE）」も使うけれど、コレでもOK！

「ハッカー」のなかの悪人、クラッカー

ひぃぃ

OSはあやしいメッセージを無効にできます。ただ「クラッキング」という不正アクセスだと……。

ほう、ご名答。「不正なメッセージ」なら、いろいろと「のっとり」ができるのだ！

えっ誰!?勝手に表示が……！

うわぁ、クラッカーだ！たぶん無断かつ「不正」なSendとPostのメッセージで機械があやつられてる……。

　こんな具合です。セキュリティ関連の調査のみ行う、まぁ安全な「ホワイトハッカー」。そして、無断で不正アクセスして、アクセス先で**プログラムや機械の動きをこわす人**を「クラッカー」といいます。

　最悪、ひどいことをクラッカーにはされてしまいます。

（例）

スタートアップ修復

スタートアップ修復 で PC を修復できません
[詳細オプション] を押してその他のオプションで PC の修復を試すか、[シャット

故意のトラブル

情報（ファイル）漏えい

ソフトとOS（オーエス）がやりとりしていた「メッセージ」をふくめて、機械は2進数の数値と等しい信号を使います。ではなぜ、メッセージに文字がふくまれていてもよいのでしょうか。

じつは、文字はあらかじめ数値（すうち）で「定義（ていぎ）」されています。ですので、数値に応じた文字を、単に表示しているだけなのです。

たとえば、下の英数字の対応表（たいおう）はアスキー（ASCII）コード表の一部です。

A	65	N	78	a	97
B	66	O	79	b	98
C	67	P	80	c	99
D	68	Q	81	d	100
E	69	R	82	e	101
F	70	S	83	f	102
G	71	T	84	g	103
H	72	U	85	h	104
I	73	V	86	i	105
J	74	W	87	j	106
K	75	X	88	k	107
L	76	Y	89	l	108
M	77	Z	90	m	109

こういう表示（ひょうじ）になるんじゃないの？？

アスキーコード表から発展（はってん）し漢字対応（たいおう）のS-JIS（シフトジス）やEUC-JPなどが誕生（たんじょう）。いまは世界規格（きかく）のUnicode（ユニコード）があります。たまに混在（こんざい）し「文字化（もじば）け」が発生することもありますが……。

「文字化け」はめちゃくちゃな文字で表示（ひょうじ）されてしまうことです。

じゃ、無料＆「ソフト」メモ帳でできる「3行」プログラミングで数値（すうち）と文字が対応（たいおう）しているかどうか、確かめてみようか？

つくる！　ためせる！
「vbs」カンタン実行編

ソースコードを書いてみよう

「vbs」というのはVisualBasicScript(VBスクリプト)の略で、ふつう、ウィンドウズが使える「インタプリタ」型に「近い」プログラミング言語です。これは、その場で指示を1つ1つすぐに訳し、実行していく方式のことです。

さぁプログラミング、始めてみましょう♪

まず、メモ帳を準備。

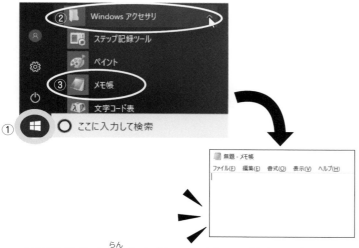

メモ帳の入力欄をクリック(タッチ)し、カーソル「｜」を出します。

命令などはあとで、検索したり調べたりすればわかります。プログラミングの「やり方」を身につけましょう。

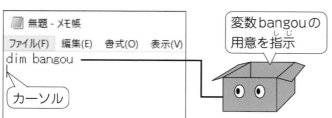

変数bangouの用意を指示

「変数」「代入」「関数」のこと、思い出してみて！

変数（入れ物）

関数（別の流れ）

覚えていなかったら26〜、61ページを見てね

覚えてる♪　「3行」のソースコードなら、きっとライブラリの関数を呼ぶだけよね？

左のような、ソースコードのどこからでも使える変数は「グローバル変数」とよびます。覚えてくださいね！

ちなみに、**変数は型という形式を明示してから、使う
ケースも多くあります。**

でもこれらは言語により書き方がかわりますし、必要
なときに調べれば大丈夫。

型	あつかえるもの
byte / short / int / long	8/16/32/64ビット整数
float / double	32 / 64ビット小数点数
char / (string)	Unicode 16ビット
boolean	true か false

変数「bangou」の用意を指示したら、次は関数への
受け渡しの指示をします。

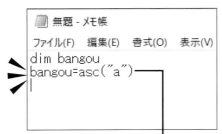

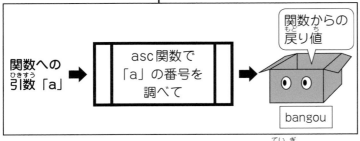

そして、メッセージボックスに「a」が定義されてい
る番号入り変数bangouの値が表示されるようにして
みます。

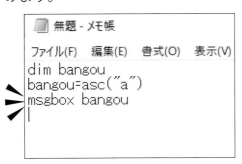

ビットにつきましては
152ページで体験しま
すよ。

関数との文字や値の受け
渡しはこうするんだ。
「文字」は " " でくく
るんだね！

メッセージボックスっ
て、こんなのだよね。

ファイルには「拡張子」をつける

ではこのソースコードを保存しましょう。

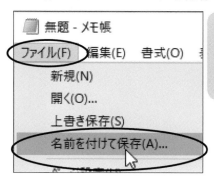

あっ、待ってください！
「拡張子」を明示しないとOSは
ファイルの種類を「区別」できま
せん！

Wait!!
Wait!!

「拡張子」はファイル名の後ろに「.」とともにある
txtやdocxなどの文字のこと。今回のファイルは
「.vbs」という拡張子を使います。

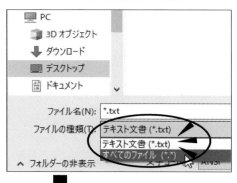

「テキスト文書」をク
リック（タッチ）して
「すべてのファイル」
を選んで……

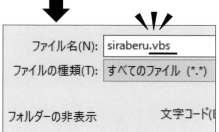

ファイル名と「.vbs」
を入力し……

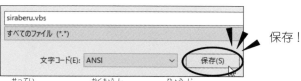

保存！

※設定の具合で、拡張子が画面に表示されない
こともありますが、だいじょうぶです。

ウェブサイトの後ろも
「.html」や「.php」だよね。

保存したらこんなアイ
コンで表示されたよ。

よし、じゃあ保存されたvbsファイルを実行だ、それ！

できたー!!

siraberu.vbs

ダブルクリック
（実行させる）

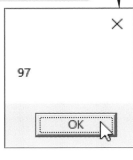

× 97 OK

入力したvbsは、実行されました！

一般に、確認などを表示する小ぶりな「メッセージボックス≒ダイアログ」には、「97」と表示されました。126ページの通り、文字「a」が定義されている番号ですね！

でも、「OK」をクリックしたら、表示は閉じ、スクリプトは終わってしまいました。別の文字にして何度もためすには、どうしたらいいでしょう？

メモ帳の"a"を、別の文字に変えて保存して、また実行すれば……？

え〜、ためすたびに書き直しするの？

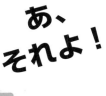

もしや、これを実現したいのでは？

あ、それよ！

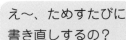

10 かいくりかえす

プログラムをループさせよう

ただ、示されたScratchには、asc関数のアイコン（ブロック）がないので、少し難しいこの文字の言語、vbsでがんばりましょう！

押したキーに書かれた文字の「アスキーコード」の数値がメッセージボックスで表示されるように、ソースコードをかえてみましょう。

最初に、押したキーの文字を代入する変数「moji」を追加して準備！

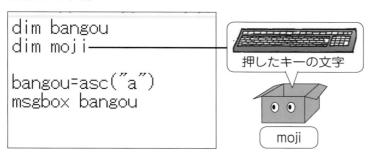

押したキーの文字

moji

準備ができたら、下の機能を使って、「アルゴリズム」を練ってみましょう。

関数	ループ命令
inputbox(引数)	while 条件
引数は表示させたい	wend
文字列を。	もし条件通りなら
戻り値は入力された	whileとwend間
文字です。	をループします。

また「メモ帳」で、やってみよう！

さらにヒントです！
①関数ascの引数は？
②条件で使う「ちがうなら」は「<>」と記します。

wow!!

131

変数mojiの内容をasc関数に渡し、アスキーコードの値へ変えるようにします。

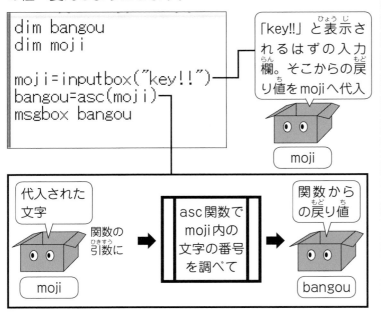

```
dim bangou
dim moji

moji=inputbox("key!!")
bangou=asc(moji)
msgbox bangou
```

「key!!」と表示されるはずの入力欄。そこからの戻り値をmojiへ代入

moji

代入された文字

関数の引数に

moji

asc関数で
moji内の
文字の番号
を調べて

関数から
の戻り値

bangou

引数は、「moji」だね♪

あとはループ（くり返し）をさせたら完成です。でも無限にループはよくなさそうなので、「end」と入力したら終了としてみましょう。

```
dim bangou
dim moji
while moji="end"
moji=inputbox("key!!")
bangou=asc(moji)
msgbox bangou
wend
```

終了の条件

ここがループ！

ループの区間は、入力部分から表示されるまでかな。

while 条件
↕
wend

これを
使うの
かなぁ？

できたら、先ほどと同じくわかりやすいところへ「名前を付けて保存」です。

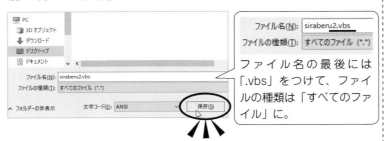

ファイル名(N): siraberu2.vbs
ファイルの種類(T): すべてのファイル (*.*)

ファイル名の最後には「.vbs」をつけて、ファイルの種類は「すべてのファイル」に。

エラーが出ないアルゴリズムミスもある!?

あれ？　ダブルクリックで実行しても無反応だよ!?

siraberu2.vbs

Oh, no!!

このスクリプトは「moji = "end"」でループするようになっていますよ。

```
dim moji
while moji="end"
moji=inputbox("ke
```

Whileは条件どおりならループですが、これだと、「moji="end"」のときはループ、という意味に。変数mojiは準備させたけれど中身は空っぽです。

　「空っぽ」なら「条件どおりではない!」とループ部分はパスされ終了してしまいます。
　さっそく、修正です!

```
siraberu2.vbs - メモ帳
ファイル(F)　編集(E)　書式(O)　表
dim bangou
dim moji
while moji<>"end"
moji=inputbox("key!!")
bangou=asc(moji)
msgbox bangou
wend
```

ループの条件を「ちがうなら」の<>に修正!これで「mojiが"end"でないなら」ループ、という意味になります。

じゃ、もう1回ためしてみよう!

　修正したら、忘れずに保存。

```
名前を付けて保存の確認
!  siraberu2.vbs は既に存在します。
   上書きしますか?
          [ はい(Y) ]  [ いいえ(N) ]
```

上書き……と出たら「はい」をクリックです。
※使う言語により「ちがう」は「!=」、「ひとしい」は「==」などと変わります。

siraberu2.vbs

ダブルクリックして
実行すると……

入力欄が出た！

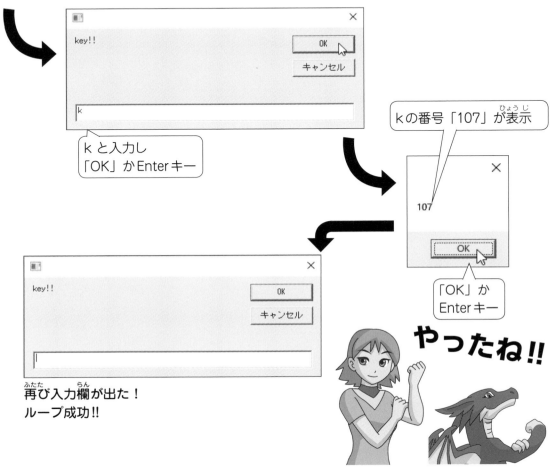

key!!

OK

キャンセル

k

k と入力し
「OK」か Enter キー

kの番号「107」が表示

107

OK

「OK」か
Enter キー

key!!

OK

キャンセル

再び入力欄が出た！
ループ成功!!

やったね!!

……と思ったら、エラー表示が！

Windows Script Host

スクリプト: C:¥　　　　　　　　　　　　　　　siraberu2.vbs
行: 5
文字: 1
エラー: プロシージャの呼び出し、または引数が不正です。: 'asc'
コード: 800A0005
ソース: Microsoft VBScript 実行時エラー

OK

未入力のま
まエンター
キーを押し
てしまいま
した。

Ah,
Sorry……

地道な「エラー処理」と「例外処理」が大切

　「未入力でエンターキーを押すとエラー」、これを直すには、どうするのがいいでしょうか。

　エラーの原因は、変数mojiに文字が代入されておらず、「空っぽ」が引数になってしまったから。

```
siraberu2.vbs - メモ帳

ファイル(F)　編集(E)　書式(O)　表

dim bangou
dim moji
while moji<>"end"
moji=inputbox("key!!")
bangou=asc(moji)
msgbox bangou
wend
```

つまり、必要なのはこれ？

「未入力のままエンターキー」は「空っぽ」が引数、ということ！

わたくしは、こちらのほうが、よりよくできると提案します。

そうだね！ 関数ascを使わなくしても、bangou=""と代入して「リセット」しないと、前に表示したbangouの値が出ちゃう……。

入力なしで進むとmojiに""と代入かな？

こうやって先を読む（考える）力はプログラミング以外にも役立つよ！

　予想外の不具合は防げません。OSですら「パッチ（Patch）」という「修正や対策用のプログラム」を配布し更新（Update）させ、不具合を修正しています。

　「予想内のエラー」は「例外」とよび、その処理をあらかじめ準備することがあります。

では考えたことをもとに、ソースコードを修正していきましょう。

　文字が代入されていないときは変数bangouも""となるように、「if ～」の「パッチ」を使います。

```
dim bangou
dim moji
while moji<>"end"
moji=inputbox("key!!")
if moji<>"" then bangou=asc(moji) else bangou=""
msgbox bangou
wend
```

　ただこれだと、「if ～」部分は、複数の指示や命令が1行に並ぶ「マルチステートメント」的な記述ですので、おすすめはしません。

```
if moji<>"" then
bangou=asc(moji)
else
bangou=""
end if
msgbox bangou
wend
```

　こちらでもOKです。修正できたら、忘れずに「上書き保存」しましょう。

　そして、きちんと実行されるか、チェック！

ダブルクリックすると……

入力欄が出るので、いきなり「OK」かEnterキーを押す。

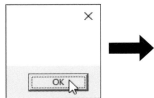

bangou=""なので何もない表示に。
修正完了！「OK」かEnterキーを押す。

endと入力し「OK」かEnterキー。数値が出て、終了した。
でも、終了前に数値が出ないようにしたほうがいいか……？　まだ改良あるのみ！

「パッチを使う」は「修正する、適用する」という意味だよ。

マルチステートメントは、dim bangou : dim mojiのように「:（コロン）」で横に、指示などをつなげていくこと。そのようにできない言語や「;（セミコロン）」を使うこともあります。

実行しためし直し、また実行……「デバッグ」をくり返し、プログラムの完成度を高めていくんだ！

よりよいソースコードにするにはどうすればいい？

見やすいソースコード、見づらいソースコード

「クライアント」という言葉を聞いたことがありますか？　クライアントには2種類あります。

1つ目は、つくられたモノを使う人、またその端末のことで、クライアント〇〇とよびます。

2つ目は、仕事を依頼してくるお相手もクライアントです。

クライアント・パソコン

つまんないね、コレ。
使えないね、コレ。

クライアント・ユーザ

クライアント

えっへん。これの改善とメンテナンス、たのんだぞ！

ゴチャ
ゴチャ

コメント
すらない
ソース
コード

Oh, no!

なんと見づらいソースコード……。

メンテナンスは整備、調整という意味だったね！

見づらいソースコードは、改善やメンテナンスがとても大変。

実際のソースコードを、見くらべてみましょう。

左と右、どちらも同じ動きをしますが、ソースコードがちがいますね。左は前のページでつくったもの。右は、それを読みやすくしたものです。

136ページのソースコード

```
siraberu2.vbs - メモ帳
ファイル(F)　編集(E)　書式(O)　表
dim bangou
dim moji
while moji<>"end"
moji=inputbox("key!!")
if moji<>"" then
bangou=asc(moji)
else
bangou=""
end if
msgbox bangou
wend
```

Yeah!!

読みやすくしたソースコード

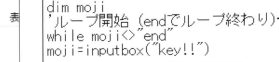

```
dim bangou
dim moji
'ループ開始 (endでループ終わり)
while moji<>"end"
moji=inputbox("key!!")

'文字の代入の判定
if moji<>"" then
  bangou=asc(moji)
else
  bangou=""
end if

'文字の定義番号を表示
msgbox bangou
'ループ終了
wend
```

コメント記号「'」をつけて、ソースコードを説明するコメント文だよ。

※コメント用の記号は// や /* */ など言語により変わります。

半角空白（スペース）は自由に入れてOK！

改行も自由にしてOK！

Oh!!! 右のソースコードの方が、内<ruby>容<rt>ない</rt></ruby>までわかりやすいでーす。

　ソースコードにコメント文を入れても、プログラムの動き方へ<ruby>影響<rt>えいきょう</rt></ruby>はありません。
　改行や空白は、命令や変数名、<ruby>指示<rt>しじ</rt></ruby>単語の「<ruby>途中<rt>とちゅう</rt></ruby>」に入れるのはダメ。
　また、空白を入れるときは全角（日本語）文字と半角（英数字）に注意しましょう。英数字だけの言語に、全角文字の空白がまじるとエラーになってしまいます。

理想は右側だけど……時間に追われているとき、こんなにていねいにできるかな。

空白が全角か半角かなんて、見つけるのが本当に大変そう……！

同じフレームワークでもアルゴリズムで変わる！

あれこれ体験していたら、わたし、正直、自信と不安がまじってきちゃった。プログラミングを語れるくらいになれるかな？

ふーむ……

知らずとビジュアル言語やテキスト言語でも、「フレームワーク」を土台にプログラミングをされていますよ？

　ここでのフレームワークは、プログラミングするうえで、基本の枠組みとなるソースコードのこと。

スクラッチ
Scratch

たとえば左のScratchの指示は、vbsなら「msgbox" "」を使えばいいですね。

vbs

```
msgbox"こんにちは"
```

スクラッチ
Scratch

このようなループは、vbsならループ用の命令「for」と変数を使えばOKです。

vbs

```
for変数＝最初の値 to 終わる値
（変数がカウンターとなりループ）
next
```

こうだね！　調べてみないとわからなかったけど。

調べてわかればOK！

自信もって！

では1から2、3、4……と100まで足した値（あたい）を求める
プログラミングをしてみましょう。

ジャーン！　これ、
バッチリでしょ？

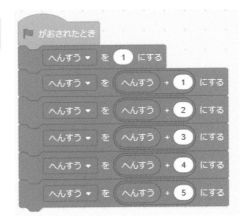

⋮

ひたすらコピー
＆ペースト！

実行結果は
5050だ

次はわたし！

「ガウスの公式」
を使ったよ。ソー
スコードは「キレ
イ」で動きも「速
い」でしょ。……
これ、わたしの勝
ち？

え、こんなにあっさりと!?
ずるい！　「RISC（リスク）的アーキテ
クチャ」でボクの勝ちだ！

おやおや、負け竜の遠吠（りゅう　とお　ぼ）えのようですね。

ただ、勝敗を見る前に、「ガウスの公式」とはなんなのか、見ておきましょう。

ガウスの公式

1から100までの数字が2組あるとして、1つは1から100まで、もう1つは100から1までを順に足す式にします。

① 1 + 2 + 3 + …… 99 + 100
② 100 + 99 + 98 + …… 2 + 1

①と②の上下対応（たいおう）する数を足すと、

101+101+101+……101+101

となります。

つまり、101を100回足しているわけです。

ただ、これは①と②と、1から100までを2回足した合計になっているので、1回足した合計は

$101 × 100 ÷ 2$
$= 101 × 50$
$= 5050$

となります。

「ガウス」はこの計算のしかたを見つけたドイツの数学者の名前です。

こんなものもあります……と見る程度（ていど）でいいですよ！　暗記は不要です。

ドラゴンの言っているRISC（リスク）というのはCISC（シスク）、すなわち主流の方式より、かなりシンプルな命令類しか存在しない分、おそろしく速い処理（しょり）が「ウリ」のアーキテクチャ（機械の構造（こうぞう）や構成（こうせい））のこと。つまり、もしかするとコンパイラもうまい翻訳（ほんやく）（最適化（さいてきか））をして、ドラゴンのほうが処理（しょり）が速いプログラムの可能性（かのうせい）があるかも!?

パフォーマンス（処理（しょり）の速さや能力（のうりょく））対決、する？

どうせわたしが勝つけど、べつにいいよ？

プログラムの実行される速さを検証しよう！

計測はvbsならできます。よって両プログラムをvbsへ置きかえてみました。「メモ帳」でためしてみましょう。

この程度の長さのソースコードならば、バッファ（一時記録場所・メモリ）オーバーフロー（満ぱいであふれる）でエラーが出ることはありません。

シンプル足す版「tasu1.vbs」

```
'処理時間の計測スタート
starttime = timer()

dim kazu
'同じ処理を繰り返させる
for kaisuu=1 to 100000

 kazu=0
 '単純に1+2+3+と100まで足す処理
 for tasu=1 to 100
   kazu=kazu+tasu
 next

next
'繰り返し処理終了

'処理時間の計測終わり
endtime =timer()

'処理にかかった時間を表示
msgbox formatnumber(endtime-starttime,10)
```

開始時間を関数の戻り値で変数へ代入

あえて負荷用のループ。ないと0秒で終了も

forはループするとカウント用変数が+1。それを使い1〜100を順に足す

終了－開始は計測時間関数でフォーマット（書式／形式）を整え表示

ガウスの公式版「tasu2.vbs」

```
'処理時間の計測スタート
starttime = timer()

dim kazu
'同じ処理を繰り返させる
for kaisuu=1 to 100000

  'ガウスの公式を使った処理
  kazu=101*50

next
'繰り返し処理終了

'処理時間の計測終わり
endtime =timer()

'処理にかかった時間を表示
msgbox formatnumber(endtime-starttime,10)
```

もしスペック（性能）がよく計測結果が0なら、負荷のループ数を両方とも同じ値で増やして

小数点以下10けたまでを戻り値にさせる

つくれたら、それぞれのファイルをクリックしてみましょう。結果は……？

差は歴然!!

時間がかかり
おそい……

シンプル足す版
「tasu1.vbs」

4.37890600000

OK

ガウスの公式版
「tasu2.vbs」

0.10546880000

OK

時間が短く
速い処理!!!

※実行させるパソコンにより数値は変わります。
表示されるまで少し時間がかかります。

　じつは少し前まで、ループして計算するより、ドラゴンのようにシンプルに計算する命令を「100個並べた」ほうが速く処理できました。

　というのも、当時はループやかけ算命令の動作がおそかったからです。このように**技術はどんどん進化しています**。

　よいアルゴリズムを最適なライブラリやフレームワークで活かすのが、プログラマの使命。ずっと同じやり方にこだわるのではなく、**臨機応変にかえていくことが必要です**。

しめくくりに「いずれ出会う」
進化中のプログラミング術はい
かが?

本当なら、1冊本が
できるくらいのワザで
すが……

教えて!

1ランク上の プログラミング術

「オブジェクト指向」の雰囲気を味わおう

先ほどのガウスの公式版、あえてその部分を関数として分けたソースコードにしてみました。

「オブジェクト指向」の考えの1つに、「関数」をソースコードの主流から「完全に独立させる」というものがあります。

そこで問題です。独立させたい「オブジェクト指向」のさまたげとなる部分①、②、③のはどこでしょう?

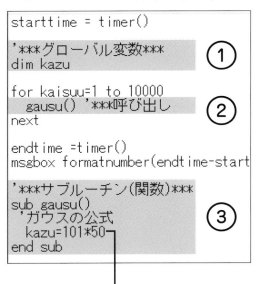

```
starttime = timer()

'***グローバル変数***
dim kazu                    ①

for kaisuu=1 to 10000
   gausu() '***呼び出し       ②
next

endtime =timer()
msgbox formatnumber(endtime-start

'***サブルーチン(関数)***
sub gausu()
   'ガウスの公式             ③
   kazu=101*50
end sub
```

関数内でグローバル変数「kazu」が使われているね。

そう、これでは関数「gausu( )」は、まったく別のプログラムでの再利用は難しい。

外にあるグローバル変数を、関数から使っていては、依存した状態で独立できません。ですので変数と関数をすべてふくむ「**クラス(Class)**」という機能が生まれました。

オブジェクト指向ってまだよくわからないけど、分けるんでしょ?
だったらグローバル変数を使うのはダメなんじゃない? だから①かな?
①部分がないと③の関数が独立不能だから。

クラスはいろいろなものに使える「設計図」のこと。
「インスタンス」の指示で「実体化」してから使います。

```
class ○○

フィールド部分
変数1
変数2
  :

メソッド部分
関数1
関数2
  :
```

名前を記述した区間のフィールド（データ）部に変数を記述します。メソッド部は関数を記述します。

136ページと142ページのｖｂｓ２つをクラス化したソースコードです。

たとえるとこんなイメージだよ。

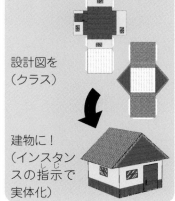

設計図を
（クラス）

建物に！
（インスタンスの指示で実体化）

```
'***class no sample***
dim ins
set ins=new anata

ins.gausu
msgbox ins.gausukotae

ins.siraberu
msgbox ins.bangou

set ins=nothing

'****************************
class anata

    dim gausukotae
    dim bangou

    sub gausu()
        gausukotae=101*50
    end sub

    sub siraberu()
        dim moji
        moji=inputbox("key!!")
        bangou=asc(moji)
    end sub

end class
'****************************
```

目印insの場に建設。クラスanataを「インスタンス」

以降、クラスanataにふくまれる変数や関数は「ins.」とつけてよぶ

メソッドgausuを呼びフィールドの変数を表示

siraberuを呼び文字入力、文字の番号を調べ、メンバ変数の値を表示

終わったら必ず破棄。目印insへ示せばOK

classの定義開始。以下フィールドにメンバ変数を準備させる

メソッド部分にメンバ関数gausuを記述

メソッド部分にメンバ関数siraberuを記述

ここをクラスの「フィールド」部とよび、メンバ変数やメンバ関数（メソッド）を書きます。

classの定義終了。クラスanataは完全独立し実体化を待つ

ご注意です！暗記や理解せずとも、なんとなく読んでもらえればだいじょうぶ。

将来必ず出会うので雰囲気をつかんでください。

うん。雰囲気は見切れたかな。

※このソースコードは実行可能ですが「雰囲気の体験用」で省略が多いサンプルです。
また、言語により書き方はかわります。

最後は、いつもどおりファイルの種類をかえ、ファイル名に「.vbs」をつけて、わかりやすいところへ保存。

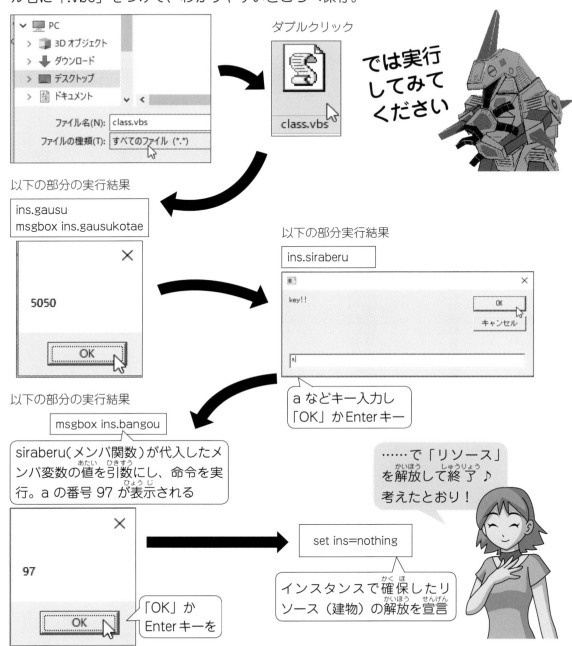

ダブルクリック

では実行してみてください

以下の部分の実行結果

```
ins.gausu
msgbox ins.gausukotae
```

5050

以下の部分実行結果

```
ins.siraberu
```

key!!

a

a などキー入力し「OK」かEnter キー

以下の部分の実行結果

```
msgbox ins.bangou
```

siraberu(メンバ関数)が代入したメンバ変数の値を引数にし、命令を実行。a の番号 97 が表示される

97

「OK」かEnter キーを

```
set ins=nothing
```

インスタンスで確保したリソース（建物）の解放を宣言

……で「リソース」を解放して終了♪考えたとおり！

　リソースは、機械類の「資源(メモリやCPUなどの機能)」のことです。リソースを多く使う（消費ともよびます）タスクは、ほかのタスクへ影響をあたえることもあります。
　プログラミングするときは、不使用なリソースは解放し、機械類の負担を軽くするのが「お約束」です。

続いて質問です。この
ソースコードの、実行
結果をお答えください。

よーし、読み
解いてみる！

```
'***class no sample***
dim ins
set ins=new anata

ins.gausu
msgbox ins.gausukotae

gausukotae=12345
msgbox ins.gausukotae

siraberu
msgbox ins.bangou

set ins=nothing
```

class.vbs - メモ帳

ファイル(F) 編集(E) 書式(O) 表

ここは、さっきのソースコードのままな
ので、実行結果もいっしょ。

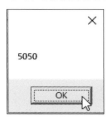

5050

OK

同名変数へ代入だけど、クラスのメンバ
変数と「無関係」だから12345と出な
い！ だから実行結果は再びこう。

5050

OK

「ins.」がついていないから、同じ名前の
「siraberu」でも、メンバ関数とは別物。ふつ
うのsiraberu関数はソースコード中にないから
……「エラー」で途中終了？

実行結果は……！

的中！
エラーが出て終了！

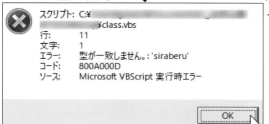

スクリプト: C:¥
　　　　　¥class.vbs
行: 　　11
文字: 　1
エラー: 　型が一致しません。:'siraberu'
コード: 　800A000D
ソース: 　Microsoft VBScript 実行時エラー

OK

OK!
Perfect!

「クラス」はこんなふうに使える！

つくった「クラス」部分は、ほかのソースコードにそのまま貼り付けるだけで「再利用」できます。

たとえば、左下は「C＋＋」という言語のプログラムでのインスタンス（実体）です。vbsだと右下のようにこうなります。

キャラクタ操作用
dragon クラス（C++）

```
dragon player1, player2 ;
```

vbs

```
dim player1 : dim player2
set player1=new dragon
set player2=new dragon
```

とにかく、
dragonクラスを「2つ」、
インスタンス（実体化）
させれば……

なるほど！ キャラクタを動かすクラスを1つつくって、同じクラスを「2つ」インスタンスすると、ゲームでもカンタンに2人用にできるね！

これが

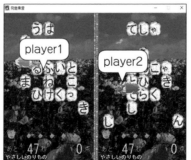
こうにもできる！

ありがと、プロ68号♪
わたし、きっと一人前になってプロ68号の、興奮すると英語が飛び出る「バグ」、直してあげるね！

わたくしは日本語化パッチ（文字表示の日本語化）が不完全。お願いできれば、Very happy!!

クラウド＋ストリーミング +AI でプログラムは激変!?

ITの世界は、日々進化し、夢だった技術を現実にしています。
この時間では未来的な新しいプログラムの世界をのぞいてみましょう！

これ、どうなっているかわかる？

んん？　ワタシにこのソフトはセットされてない。けど表示されている？

ん？　Wordのソフトだよね。あれ、でもインターネットで使うサイトのアドレスが書いてある!?

最新！プログラミング事情

ストレージは使われなくなる？

いま、モノや人はつぎつぎ「クラウド」に丸のみされて、機械たち（パソコンなど）へソフトはセットせず、それなのにソフトを使い、作業できるようになってきました。

ブラウザの画面で動くソフト（アプリ）は「**クラウドサービス**」というものに進化したものです。機械のなかの、データを保存（ほぞん）していく「**ストレージ**」へ、セットアップやインストールしなくても使えます。

下は**ハードディスクドライブ（ＨＤＤ）**（エイチディーディー）。半永久（えいきゅう）的な記憶媒体（きおくばいたい）です。

同じように動くものに「**ＳＳＤ**」（エスエスディー）があります。これはソリッドステートドライブの略（りゃく）で、速く読み書きができ、少ない電力で動くうえ、ＨＤＤ（エイチディーディー）より衝撃（しょうげき）に強い！

またＳＤ（エスディー）カードやＵＳＢ（ユーエスビー）メモリも、すべてストレージとよばれます。

よく見たら、いくつかのソフトはインターネット閲覧（えつらん）用の「ブラウザ」で動いてる！

クラウドサービスが広まることで、個人のストレージは、あまり使われなくなっていくかもしれないんだ。

ところで、「64ビットクラウド環境」とか、よく聞くよね。何だかわかる?

わからないなー。64ビットってどんな言語?

いままで出てきてないよね……?

うっ、基本の基本がじつはさっぱり!?

「ビット」は数の単位だよー! 32ビットパソコン、64ビットパソコンとかいうよ。

あのね、どこで使う単位なの?

わからない……

それを知るにはあそこしかない!!

ビットとバイトはどうちがう？

あ、ここってもしかして、最初のところ!?

ふ、はは！ また来たか！

ビットとバイトは表記がどちらも「B」でまぎらわしい。まぁ、ビットは小文字で「b」と示すのだが、守られていないこともある。

うわ、あの先生、もうクラッシュしそう……

クラッシュ＝不具合で強制終了、ね……

　ビットはデータの大きさの単位です。0と1だけで数値を示す「2進数」は、パソコンをふくむデジタル機器で使われていますが、たとえば0110なら4桁だから4「ビット」です。8ビット集まると1バイトとよべます。**基本は1024倍区切りで、1024バイトは1KB。1024KBは1MB、1024MBは1GB。1024GBは1TB**です。

ちなみに、テラの上はP。そしてE、Z。その上のYだと人生を録画できるほどの容量だな……。

ならね、このチ
ラシの誇張は見
抜ける？

大特価！

・メモリ16GBのパソ
　コンが8割引き！
・ゲーミングPC
　メモリ32GB！

うーん、このチラシの2こ目、たとえば、
素早い表示も余裕なゲーミングPCがメモ
リ32ギガ「ビット」だとしたら、バイト
にすると8でわって4ギガバイト。これ、
サイズが小さくない？

ゲーミングPC＝
ゲーム対応
パソコン、ね

ご名答！
こういう表記は減ったけ
ど、変にまじってること
があるから、注意ね♪

　メモリは機種により、ある程
度「増設（追加）」できます。メ
モリを増設すると、どうなるの
でしょう？

メモリ

カチリッ

「クロック周波数」に合わせて動作する

　プログラムはメモリという作業場へ、電気信号として広げられて動作します。**メモリの容量が小さいと、作業しようにもせまい！**　そうすると、プログラムの動作がおそくなります。動作させるのに、いちいち順番を細かく切りかえるなどするからです。

小さいメモリ

うそぉ〜！ここで指示された処理を実行するの？

作業場が少なすぎて速く動けない……

大きいメモリ

わぁい♪たくさん広げたり実行させたり余裕でできる！

どんどん作業進めちゃうよ♪

ＣＰＵが高性能でも、メモリがぎゅうぎゅうだったら、プログラムを実行できないんだ。

こういった作業すべてを統括するのがＣＰＵ。能力のめやすとして●GHzと記載され、合図を受けつつ、**各部品や命令がバラバラに動かないよう、オーケストラの指揮者のように、クロックという機械用の電気信号を出してタイミングを合わせています。**

クロックの周期／周波数（イメージ）
値が大きいほど、ギザギザが激しくなり、間隔は小さく、部品類が働くタイミングが速くなる

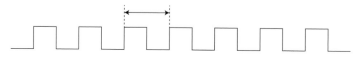

プログラムは情報としての信号のかたまりですが、64ビットパソコンなら「64ビット区切りの信号」になっています。

64ビット

処理

```
010001 01 01 0001 001 01 001 01 01 01 01 01 0001 01 01 01 01 01 01 01 01 001 01 01010
101 01 01 1 01 01 01 01 01 01 01 01 01 1 01 01 01 01 01 01 01 01 01 01 01 1 01 01 01 01 01
01 01 1 01 01 01 01 01 01 01 01 01 01 01 01 01 01 01 01 01 0001 01 01 01 01 01 0
101 01 1 11 01 01 01 01 01 001 01 01 01 01 01 01 01 01 001 01 01 01 01 01 01 01 01
010001 01 01 01 1 1 01 0001 01 01 01 01 01 01 01 01 1 11 1 01 01 01 01 01 01 01 01 01 0
101 01 001 01 01 01 0001 01 01 01 01 0001 01 001 01 01 01 01 01 01 01 01 0001 0
101 01 01 01 01 01 01 01 01 01 01 01 01 0001 0001 01 01 0001 01 01 01 01 01 01 01 01
```

基本が64ビットのものは、32ビットより信号を２倍多く区切って、まとめて処理します。そうすると、１回の「クロック」で命令やデータを、機械部品が多くあつかえて、プログラムの動作が速くなります。

「エミュレータ」とアセンブリ言語「CASL II」

このゲームは、本来別の機種で実行できるものですが、「エミュレータ」を使って、このパソコンに表示し、動かしています。

わーい、ゲームだ♪

かわらず動くことは「互換性」というぞ。

エミュレータは、ほかの機械の動きをそっくり模倣して、かわりに使えるソフトの一種です。多くの場合、「エミュ」とちぢめてよびます。

最新、64ビットの機械は、以前の機種とかわらず動くようにエミュレートのごとく動きを模倣しています。
たとえば、Macのパソコンでウィンドウズ用のソフトを使うとか、スマートフォンアプリをパソコンで使うとか、そういうことが「エミュ」でできます。

メモリはたくさん必要になるけどね。

ちなみに、エミュレータは違法のものもあります。ゲームも、無許可でダウンロードすると違法。ネット上でのマナー「ネチケット」はしっかり守りましょう。

プログラミング言語のなかでも、機械語に近い「アセンブリ言語」に「CASL Ⅱ」があります。

CASL Ⅱは「基本情報技術者試験」でも使われる言語です。CASL Ⅱでつくったプログラムは、架空のコンピュータ「COMET Ⅱ」というエミュレータで実行できます。

```
ソース
MAIN    START

        LD      GR1,X
        RET

X       DC      1234

        END
```

| GR0 0 | GR1 1234 | GR2 0 |

LD　：レジスタへロード（代入）する命令。
　　　「レジスタ」とはCPUが使える「変数」みたいなもの。
GR1：仮想機械のCPUがもつ汎用（自由がきく）レジスタ名。GR0 〜 GR7がある。
X　：値があるメモリの番地（アドレス）を示す。
RET：実行の流れの終了命令

命令はニーモニックとよび、右側がオペランド。 プログラミングは基本的に、「動詞　目的語」のペアを使って行います。

基本情報技術者試験は、エンジニアやプログラマを目指す人たちが多く受けている国家試験だよ。

4時間目にやったvbsだと便利な命令があったけど、アセンブリ言語はもっと記号みたい？

いろいろな言語も、最終的にはここまで簡素化されているのだ！

プログラミング理解に重要な「フラグ」

じつは、1章で学んだ「プログラミングを理解するために重要な4つのこと」のほかに、もう1つ大事なことがあるんだ。

ひえ！　いきなりそう来る？　プログラミングは見切ったと思ったのに、いまさら……死亡フラグ立った！

そう、まさにその「**フラグ**」こそ、大事な5つ目の要素。　**フラグとは、ある処理を行った結果をデータとして保存しておくところのこと。**

「死亡フラグ」って、プログラムの要素「フラグ」が元ネタなんだって！

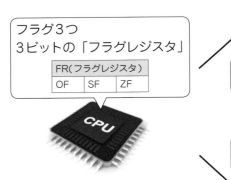

フラグ3つ
3ビットの「フラグレジスタ」

FR(フラグレジスタ)		
OF	SF	ZF

OF オーバーフロー
16ビット以上の値になった

SF サインフラグ
演算結果が負になった

ZF ゼロフラグ
演算結果が0になった

ソフトウェアで使うフラグとちがい、機械(ハードウェア)は、（ある）条件を満たすと、値を自動的に「フラグレジスタ」へ反映します。何もしなくていいのです！　ソフトウェアではフラグ用の変数をつくって使い、進行度などでフラグの値をかえるようなプログラミングが必要です。

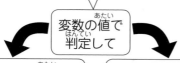

ソフトウェアで使う「フラグ」
if（flg>0）{ happy( ); } else { bad( ); }
フラグ用「変数」の値で使う関数（流れ）をかえる

変数の値で
判定して

フラグ（変数flg）の値が
0より大きいなら、happy( );
「ハッピーエンド」

地球救出だ！

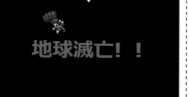

フラグ（変数flg）の値が
0や負なら、bad( );
「バッドエンド」

地球滅亡！！

ソフト（アプリ）では、フラグ用の変数を自らつくり、その値を判定して「プログラムの流れを分岐させて」います。

「if」などの判定命令で分岐させれば、ご覧のとおりです。

他方の「もっとも機械の言葉に近い」アセンブリ言語は、「フラグレジスタ」の状態で、自動的に判定する命令を使っていきます。

ソースはアセンブラというソフトで機械語へ翻訳、というより「変換」されています。アセンブラとは「コンパイラ」の一種です。

アセンブリ言語はCPU固有の命令を使います。CPUの種類がちがうと動かないのです（たとえばウィンドウズのPCとMac OSのPCのように）。

ネイティブコード（CPU固有のプログラム）になるよ。

では、これまで体験してきた「高級言語」に対して、文字の記号のような命令を使う「低級言語」とよばれるソースコードを公開だ！

「CASL II」のソースコードを見てみよう

アセンブリ言語「CASL II」のソースコードの雰囲気を見てみましょう。

ええっ！　アセンブリ言語ってば3引く2の結果を表示させるのに、こんな長いソースが必要なの!?

プログラムの正体！
00010000 00010000 01100101 10010000

↓

```
LD          GR1
00010000    00010000
X（アドレスが26000バイト目のとき）
01100101    10010000   （←2進数で26000）
```

↓

```
MAIN    START

        LD      GR1,X
        SUBA    GR1,Y
        JMI     TUGI
        CALL    KEKKA
TUGI    RET

KEKKA   OR      GR1,=#0030
        ST      GR1,ANSER
        OUT     ANSER,KAZU
        RET

X       DC      3
Y       DC      2
ANSER   DS      1
KAZU    DC      1

        END
```

引き算命令 → SUBA

フラグの値によりジャンプする命令 → JMI

関数と同じ命令 → RET

マクロ命令（ライブラリの関数のようなもの） → OUT

自由な名称と、STARTと書く決まり

GR1=X番地（アドレス）の値→代入
GR1=GR1-Y番地の値→計算して代入
SFフラグが1ならTUGIへ
KEKKAを呼ぶ（流れをかえる）
目印（ラベル）TUGIと終了命令

ラベルKEKKAとGR1の値を文字番号へかえる書き
GR1の値をANSER番地へ出力（ストア命令）
ANSER番地の値をKAZUの値分、文字を表示す
元の流れへ戻す（終了）命令→関数の終わり

X番地に値3と準備
Y番地に値2と準備
ANSER番地に1(16bit)の保存場所を確保
KAZU番地に文字の表示数1を定義

終わりには、ENDと書く決まり

実行すると……

↓

```
CASLシミュレータ
（CASL II 対応）
```

コンソール
1

「マクロ」とは処理を自動化した関数みたいなモノの総称だよ。

160

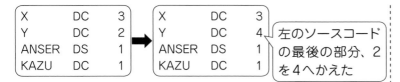

X	DC	3
Y	DC	2
ANSER	DS	1
KAZU	DC	1

→

X	DC	3
Y	DC	4
ANSER	DS	1
KAZU	DC	1

左のソースコード
の最後の部分、2
を4へかえた

質問

右上のようにしたアセンブラ（コンパイラ）で機械語
へ訳して実行すると、どんな結果になるでしょう？

アセンブリ言語でつくられた機械の命令には「フラ
グ」の状態（値）で自動的に実行されるものがあります。

フラグを自動
に使う命令

```
        LD      GR1,X
        SUBA    GR1,Y
        JMI     TUGI
        CALL    KEKKA
TUGI    RET
```

「3-4」を実行する
と、答えはマイナス
（負）1。

……ならば、負を示すフラグSFが自動で値「1」に
なる？
そしてJMI命令はSFの値により、指定したラベルへ
のジャンプする命令……？

ならば、JMI命令が「流れ」をTUGIへジャンプさせ
るから……文字を表示させるCALL命令は実行されな
い。
答えは、「何も表示されない！」、かな？

では、「フラグ」を理解
できたかチェックだ！

見事！ フラグの変化は自
動か手動か考えて使えば、
プログラムの「流れ」は自
由自在だ！

161

「クラウド」「オンライン」「AI」の高速ネット界

クラウドサービスとプログラミング

　いまは光回線の時代、「ブラウザ」を通し、サーバと速くやりとりが可能になっています。**インターネットとつながった状態でかつ、そこで動作するモノは、一般にオンライン（Online）●●とよびます。**

CASL II

https://www.officedaytime.com/dcaslj/

Scratch
（最初に「作る」を選んで）

https://scratch.mit.edu/

Small Basic Online
（β版＝おためし）
（最初にStartを選んで）
※「Online」版にはまだバグがあります。「Download」を選んで「実行」し、自分のパソコンで「Small Basic」を使って下さい。

http://smallbasic.com/

すべてオンラインソフト（アプリ）だ！　……と言いたいが、「くせ者」だらけだな。どれがくせ者か、わかるかな？

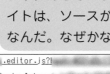

サイトのどれかが、使った時間で支払いが発生する「課金（かきん）」制（せい）になってるとか？

いや、あるオンラインのサイトは、ソースがこの短さなんだ。なぜかな？

```
<script src="_____.editor.js?_____"></script>
<script src="SmallBasic.Interop_____dca2"></script>
<link rel="stylesheet" href="Sm_____f6d36af097944c0cdca2">
<script src="_framework/_____.js"></script>
```

　じつは、オンラインサイトの一部は、すでにいろいろな機関や大きい企業（きぎょう）の「クラウドサービス」となっているからです！

　ネットとブラウザが使える環境（かんきょう）なら、スマートフォン、タブレット、パソコンで、同じように見られます。

わぁ、ブラウザの画面だ！

　「環境（かんきょう）」とはまぁ、作業する準備（じゅんび）やソフト（アプリ）が整えられる条件（じょうけん）のこと。

　「クラウドサービス」は、まだ進化途中（とちゅう）ですが、環境（かんきょう）さえ整えば、使うものや場所など、あれこれ選びません。そしてこれがプログラミングとも関係してきます。

パソコン画面。オンラインでWordを開ける。

まだ図の位置がズレるとかバグも多いけど……。

「クラウド」は直訳（ちょくやく）で「雲」。モヤっとした「インターネット」をも示（しめ）すぞ。

「クラウドサービス」では、ユーザの端末（パソコンなど）でプログラムの処理をほとんど行わせなくできます。
　というのも、クラウドサービスでは、ユーザの端末のかわりに「サーバ」で処理が行われるからです。

わかった♪
関数みたいに、ネットで指示だけサーバへ渡したり呼んだりして、結果だけ戻してくれるってことだね！

窓口の
サーバ
作業用
サーバ
保存用
サーバ

サーバは「クライアント（ネットを使うあなた）」へ対応できる、高性能で、専用のOSをセットしたコンピュータです。
　オンライン●●やクラウドサービスではとくに複数台のサーバで、クラスのごとく独立し、役割分担しています。

ファイルを
クラウドストレージへ
保存すると……

インターネットを経由して、IT事業者などが保有するサーバに保存される。

別のパソコンでも、クラウドストレージからファイルを取り出し（ダウンロードなど）もできる。
保存もできる。

クラウドとＡＰＩでプログラミングいらず!?

パソコンをふくむ機械には、環境さえ整えば、どの端末からも作業できる未来的な発想のものが増えています。それがクラウドの環境が整ったタイプです。一方、多くの処理をほぼ自力で行う従来のタイプもあります。このタイプは「スタンドアロン」、正確には「オールインワン」（１台でいろいろできる）タイプ。

では少しだけ「未来を先取りして」見てみましょう。

API(Application Programming Interface)は、どう？「ソフトやアプリのプログラミングを手伝うインタフェイス（機能をあやつる窓口）」だよ。

```
co.jp        ×   +  ∨
  http://zipcloud.ibsnet.co.jp/api/search?zipcode=102-0074&callback=jsonData
```

ＡＰＩの実験です。ブラウザのアドレス欄に入力してみよう。
※下線部分は自分の郵便番号を♪
http://zipcloud.ibsnet.co.jp/api/search?zipcode=102-0074
&callback=jsonData

効率アップはまちがいない！

おおっ

```
"address1": "東京都",
"address2": "千代田区",
"address3": "九段南",
"kana1": "トウキョウト",
"kana2": "チヨダク",
"kana3": "クダンミナミ",
"prefcode": "13",
"zipcode": "1020074"
```

参考としてのお話。データベース（DB）は、検索や追加、編集がカンタンにできるよう整理された情報（データ）の集まりのこと。
表計算ソフトＥxcelのファイルもデータベースのフォーマット（書式）といえるものだよ。「SQL」という専用言語であつかうケースも多いね。

クラウドサービスの「**データベース**」機能が、ＡＰＩを使い、呼び出されました。先ほど入力したアドレスの「？」後の文字列は、**パラメータ**といい、サーバへ情報や指示を渡しています。

「ディープラーニング」で進化するＡＩ

うーん……プログラミングの「必要性」がわかんなくなった……。

でも、これ、「生きていくのに数学の難しい公式って使うの!?」と同じ難しい問題だ。

これからAI、つまり人工知能がますます増えていきます。それらを「プログラミング」や「メンテナンス（保守・改良）」する需要も増えます。

人工知能が一般化して社会に溶けこんだら、近未来にはこんなことが起こる可能性も……!?

ロボットがパソコンをいじっています。パソコンの画面に、「人類の消去　実行」という文字が現れました！これがクリックされたら、人類は滅亡してしまう……!?

人類の消去
実行

実力行使あるのみ！

プログラミングの知識がないと、停められないよ？　頭脳戦の時代だよ！

いやいや、ちょっと待って

……というのは冗談です。まだ、AI（人工知能）には自我なんてありません。現状は機械の自動化や、それらのプログラミングを楽にする「API」、もしくは、器用にふるまう命令くらいのレベルです。

少し前までは、ピクセル（点）を1つ1つ、地道に色などを調べていくプログラミングで（命令もＡＰＩもない）画像処理や判定をしていました。

しかしクラウドサービスで活かす人工知能技術を利用し、「画面の人が笑顔なら写真を保存」「画像の背景を消せ」など、**あいまいな命令がプログラミング言語で使えるようになり始めたところです。**

背景を消す古典例

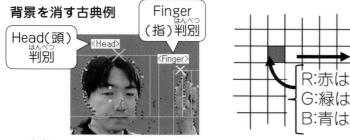

画像のことを「**フレーム**」とよびますが、以前は、「複数フレームの差分」という1ピクセルずつ「引き算」するようなやり方でした。

数フレームの差を判定し、動く部分を消す

色は**ＲＧＢ**との呼称で、これは光の三原色です。まぜて色をつくれます。一般にピクセルは赤緑青（ＲＧＢ）0〜255の値で、各（128,128,128）の値なら「灰色」。画像処理ではこの値も判定し処理させていました。

ところが、いまはふつうのソフトでは操作困難な巨大情報「ビッグデータ」、脳を真似た独自ネットワーク、そしてビッグデータを使った「**特徴**」の大量分析と自動自己調整させるしくみ「**ディープラーニング**」が考案され、機械たちが**自動的に学んでいる**最中です。

これからのプログラミングでは、ＡＩが学んだ結果をＡＰＩなどから、わたしたちが使うことになるでしょう。

前までは、背景はどんな「アルゴリズム」で消してたのかな？

地道な処理だった……だが！

ディープラーニングは、OS「ウィンドウズ95」登場以上のブレイクスルー（技術飛躍）だった。

ＡＩ対応ＡＰＩを使うプログラミングが主流に

では、ＡＩ対応のＡＰＩを使い、画像の背景を消してみましょう。

入力してみよう！
https://www.remove.bg/

これもＡＩ技術の結果だよ！ 少しカスがあるけど、以前よりはかなりきれい！

自分の好きな写真や絵をドラッグ＆ドロップ（ファイルをブラウザ内まで移動させ入れる）。あるいは「Upload Image」部分をクリックでもOK。

プログラムでＡＰＩを呼び出すと有料ゆえ、命令部分のみ見てみましょう。「removeBgFromLocalFile("パス/ファイル名");」たとえば、これだけで背景を、全自動で消せます！

ほら、今度はキミの顔と位置が特定されたぞ。

次のコレは何？

ああっ！

検出結果:
detection_02
JSON:
[
　{
　　"faceId": "311b889f-2
　　"faceRectangle": {
　　　"top": 221,
　　　"left": 220,
　　　"width": 51,
　　　"height": 64
　　},
　　"faceAttributes": null,

もう1つ、ＡＩ対応のＡＰＩを使ってみましょう！

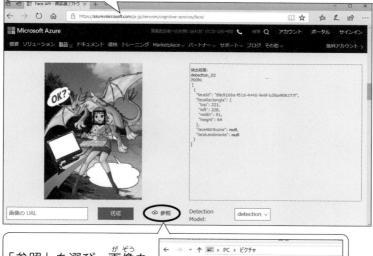

「参照」を選び、画像を選び、右下の「開く」。しばらく待つと、いきなり結果が表示されます。

やはり無料で「おためし」できるよ。「顔だ」とわかるよう背景を消したのに、あっても関係なく判別したね。スゴイ！

画像や音声などクラウドサービスを、ＡＰＩを活かすプログラミングでスタートさせれば、一般機器レベルではない性能のサーバ群がＡＩ要素も使ってゴールへ導きます。そして結果のみクライアント端末（あなたの機器）へ戻してくれて、難しかった目的すら達成させられます。

クラウドやＡＰＩを本格的に使うと「利用料」がかかったり、「課金」制でお金がかかったりする。使いまくったら便利だけどコスト増で「地獄」だよ！

しかし、便利さを買うと、それを支える技術者(SE：システムエンジニア)は、肥大化し複雑なプログラムを相手にどんどんメンテナンスをしなければならなくなります。
ＡＩのバグや変更などで（V1.0→V1.1と）値を増やす、鮮度の目安である「バージョンをアップ」するのは、「地獄」です。

情報を元に戻す!? 「デコード」体験

なぞの文字列を解読するためのプログラム

誰かを楽しませられる技術のプログラミングなら、未来はワクワクよね〜。

ロボット犬がなついてきたらうれしいもの♪

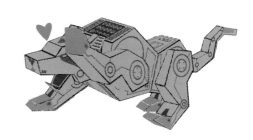

犬がなついているように見えますが、じつは、このロボット、派手な服の色と「カラフルな」ボールの目印（マーカ）を誤認識しているだけ。この色なら16進数で、「（シャープ）#EE44FF」というところです。つまり現実は、こんなところ。

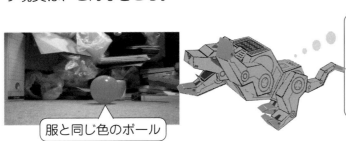

服と同じ色のボール

X座標値

Y座標値

大きさ（ピクセルの数）でZ座標値を計算

16進数（HEX）は、2進数と相性がよく機械系で多用します。16進数は、#や0xなど、言語別に目印がつきます。

「＃D2A」なら1けたずつに分け、次に、値に16の●乗をかけ、日常の10進数（DEC）に変換できます。

［例］ D*256(16の2乗)+2*16
+A*1(16の0乗)=3370（←10進数）

10	16
0	0
1	1
2	2
3	3
4	4
5	5
6	6
7	7
8	8
9	9
10	A
11	B
12	C
13	D
14	E
15	F

10進数、16進数の表

きいてた音楽配信サービスをパソコンでためしたら変な文字が出てきたよ？

44OR44K944Kz44Oz

リアルタイム（即時）にストリーミングされてきたデータの「文字化け」に近い感じだね。

ストリーミングは、音楽や動画、一部クラウドもふくむ「データ配信」の意味だよ。

　さぁ、ここでプログラミングの出番となります。この暗号のような文字列を解読するため、最後にウェブサイトで使われるＨＴＭＬ言語と、相性のいいJavaScriptのペアで、プログラムをつくってみましょう。

　再びメモ帳で、下のソースコードを入力。入力が終わったら、わかりやすいところにファイルの種類をかえ、保存です！

＜○○＞はタグといいます

```
<html>
<script>
t=window.prompt("base64 moji");
t1=window.atob(t);
t2=decodeURIComponent(escape(t1));
alert(t2);

t=window.prompt("moji");
t1=unescape(encodeURIComponent(t));
t2=window.btoa(t1);
document.write(t2);
</script>
</html>
```

区切りの「；」セミコロン

大文字と小文字に注意して！

関数内に関数。これは戻り値が引数の「ネスト」構造です

／（スラッシュ）つきは「ここまで」という意味

大文字はShiftキーを押しながら入力だよ。

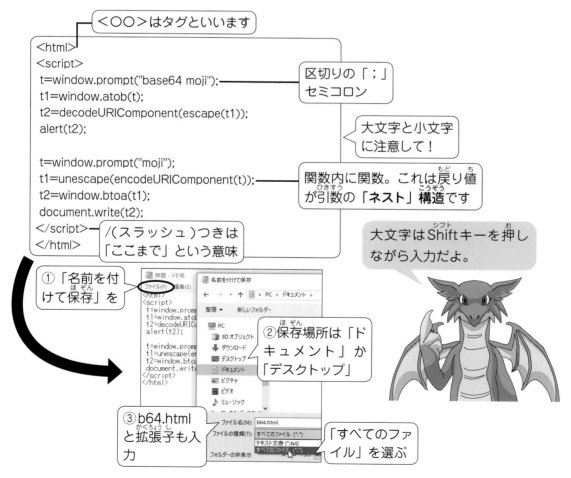

①「名前を付けて保存」を

②保存場所は「ドキュメント」か「デスクトップ」

③b64.htmlと拡張子も入力

「すべてのファイル」を選ぶ

プログラムを実行してみよう！

前のページでつくったプログラムを実行してみましょう！

アイコンをダブルクリック。

b64.html

※絵柄(えがら)は設定(せってい)により変化します。

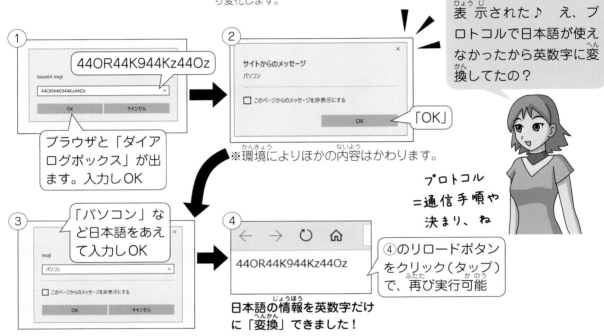

① 44OR44K944Kz44Oz

base64 moji

44OR44K944Kz44Oz

OK　キャンセル

ブラウザと「ダイアログボックス」が出ます。入力しOK

② サイトからのメッセージ

パソコン

□ このページからのメッセージを非表示にする

OK

「OK」

※環境(かんきょう)によりほかの内容(ないよう)はかわります。

③ 「パソコン」など日本語をあえて入力しOK

moji

パソコン

□ このページからのメッセージを非表示にする

OK　キャンセル

④ ← → ↻ ⌂

44OR44K944Kz44Oz

④のリロードボタンをクリック（タップ）で、再(ふたた)び実行可能(かのう)

日本語の情報を英数字だけに「変換(へんかん)」できました！

あっ！「パソコン」て表示(ひょうじ)された♪　え、プロトコルで日本語が使えなかったから英数字に変換(へんかん)してたの？

プロトコル
＝通信手順や決まり、ね

①は何もせずOK、②はOKだけで進め、③で「ほかの日本語」も変換(へんかん)させてみましょう♪

ストリーミングやメールなどの英数字用プロトコルでは、英数字⇔日本語のように相互(そうご)に変換(へんかん)し、日本語のやりとりが可能(かのう)になります。

今回、BASE64という方式で「**デコード（Decode：情報を元(もと)に戻(もど)す）**」、次に、「**エンコード（Encode：情報(じょうほう)を英数字だけにし、暗号のようになる）**」する体験をしました。

うん、機械との通信では、あつかえる数が少ないプロトコルもあって、文字の種類が多い日本語が使えなかったんだよ。

まだいろいろいっしょに体験したいけど、これでおしまい。自分の目的に合ったプログラミング言語を見つけてね？

え、これでお別れなの……？

このソフトをためしてみよう！ 「ハート」の絵が自動的にキレイになるよ！
https://www.autodraw.com/

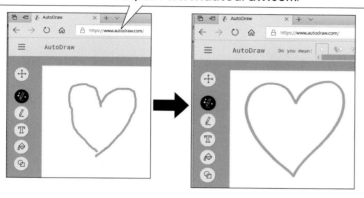

ここまでありがとう！ こんなプログラムもつくれるようにわたし、体験を積む！

ありがとう♪

ファイトだよ！ その笑顔でね！ またねっ！

プログラミング言語は200種類以上もあります。

だからこそ、みなさんそれぞれの目的にピッタリかためして、ステキな「お相手」にめぐり合えたらいいですね！

ょーし……！

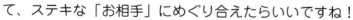

いろいろなソフトがつくれるC++言語やAIに強いPython

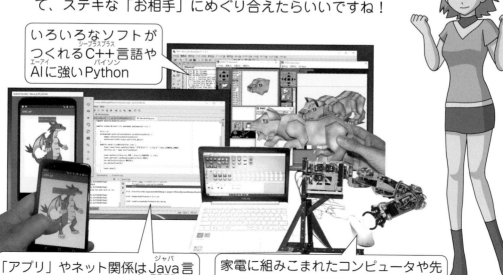

「アプリ」やネット関係はJava言語。画面のレイアウトはCSSで

家電に組みこまれたコンピュータや先進的なロボットならアセンブリ言語？

米村貴裕
（よねむらたかひろ）

工学博士。1974年、神奈川県に生まれる。2001年、大学在学中にIT系ベンチャー／㈲イナズマを起業。2003年、近畿大学大学院にて博士号取得、大学院修了。

2006年、自作ソフトウェア「紙龍」が第10回文化庁メディア芸術祭「審査委員会推薦作品」に認定される。2007年、著書『やさしいC++ Part2』が文化庁メディア芸術祭にノミネートされる。

㈲イナズマ取締役、大学非常勤講師。芸術科学会正会員、技術実用書からSF文芸書までの執筆活動を行う。趣味は竜獣集めとガーデニング。

著書には『パソコンでつくるペーパークラフト1/2/3』『やさしいIT講座／改訂版』『やさしいJava』『やさしいC++ Part1/2』（以上、工学社）、『ビースト・ゲート　生命体の開拓者』『カンタン。タノシイ。カッコイイ。小学生からのプログラミングSmall Basicで遊ぼう!!』（以上、みらいパブリッシング）などがある。

大阪電気通信
大学で講義を
する著者

小学生と親が楽しむ初めてのプログラミング
（しょうがくせい）（おや）（たの）（はじ）
──たった5時間でできます！
（じかん）

2020年6月5日　第1刷発行

著者	米村貴裕（よねむらたかひろ）
イラスト	秋田恵微
発行者	古屋信吾
発行所	株式会社さくら舎　http://www.sakurasha.com
	〒102-0071　東京都千代田区富士見1-2-11
	電話（営業）03-5211-6533
	電話（編集）03-5211-6480
	FAX　03-5211-6481　振替　00190-8-402060
装幀	石間淳
本文デザイン・組版	朝日メディアインターナショナル株式会社
印刷・製本	中央精版印刷株式会社

Ⓒ2020 Yonemura Takahiro Printed in Japan
ISBN978-4-86581-246-6

まめねこ～まめねこ10発売中!!

1～8 1000円(＋税)　　　9～10 1100円（＋税）

定価は変更することがあります。